新

知りたい 会いたい

特徴がよくわかる

コケ図鑑

藤井久子 著　秋山弘之 監修

家の光協会

【はじめに】

初めてコケを意識して見たのは20代半ば、屋久島の森でガイドさんにルーペを借りてのことだった。ルーペをのぞくと、地上はまるで宝石をちりばめたかのように鮮やかにきらめいていた。その瞬間、私は誰かにぐいっと手を引っ張られたように、突然コケの世界に入り込んでしまった。

それからもう20年ほどたつが、いまだにコケへの興味、親しみ、尊敬の念は尽きない。時代を同じくして私のようにコケに心惹かれ、ルーペ下のコケの世界を楽しむ仲間にも恵まれ、ますます人生は面白くなるばかりだ。

この本の初版は２０１７年に出版された。コケ観察に親しむ人が年々増えていることもあってか、出版後もずっと大きな反響をいただいてきた。そこで内容をより充実させるべく、このたび新訂増補版を執筆させてもらえることになった。書名に「新」がついているのは、そのためだ。

コケはサイズがとても小さく、正しい名前を導き出そうと思ったら顕微鏡で細胞の形まで確かめなくてはならない。それがコケの世界では常識だ。しかし、顕微鏡を持っていない多くの初心者には、それは叶わないことだ。

そこで本書は、そういった初心者に向けて、フィールドでのコケの見つけ方、コケを見分ける際に見るべきポイントの解説から始まり、特徴がはっきりしていて肉眼やルーペでも見分けがつきやすいコケ、身の回りでよく見られ、繰り返し見ていくうちにおおよその種の見当がつけられるコケを中心に紹介することにした。さらに、コケの観察経験がある中級者が迷いがちな近縁種との見分け方、観察の目が養われてきたら見つけやすくなるコケも掲載するなど、文字情報のみのものも含めて271種のコケを紹介している。コラムページのトピックもすべて一新しているので、ぜひ読んでいただきたい。

なお、ルーペだけではどうしても見分けが困難なコケについては、今回も正直に「ルーペでは判別が難しい」と書いた。これはフィールドでいたずらに読者の時間を奪いたくないという筆者の思いからだとご了承いただきたい。

約5億年前の地球に誕生し、いまなお、あらゆる環境に旺盛に繁茂する不思議な植物、コケ。光と調和して生まれる多彩な緑のきらめき、からだの細部に秘められた機能美、季節や大気に適応した華麗なる変身。そばで眺める者に驚きと喜びを与え、想像をかきたて、心の内側に特別な静寂と解放感をもたらす。その時間はまるでコケに魔法をかけられているかのようだ。

名前を知ることばかりに夢中になると、つい忘れがちになるが、コケが与えてくれるそんな美しいひと時も、ぜひあわせて堪能してほしい。この本がその一助にもなればと願っている。

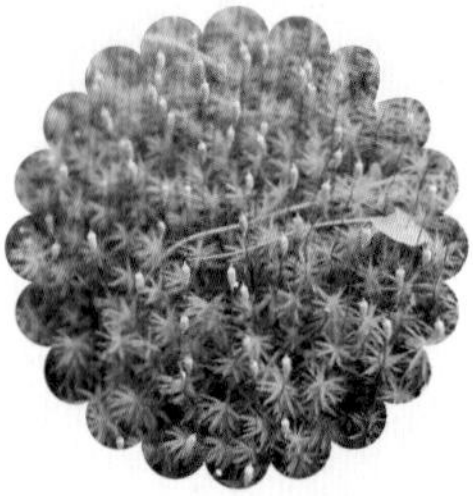
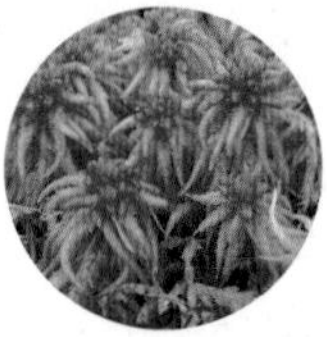
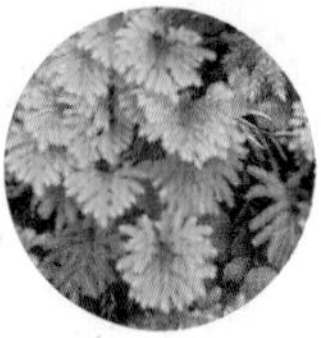
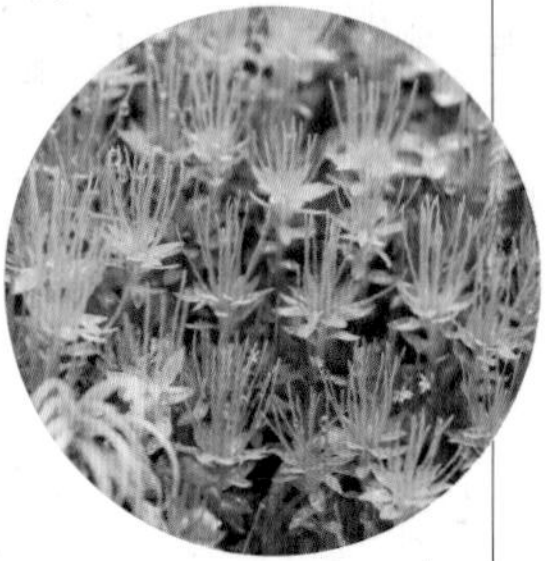
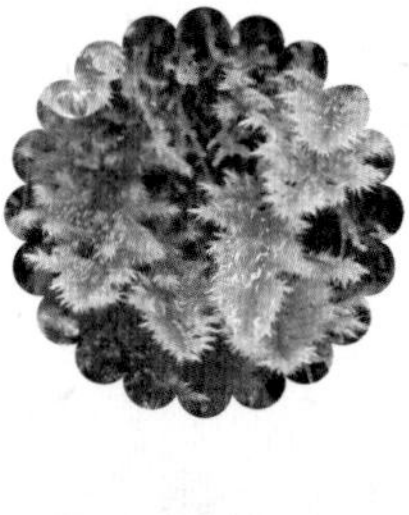

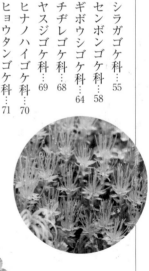

苔類

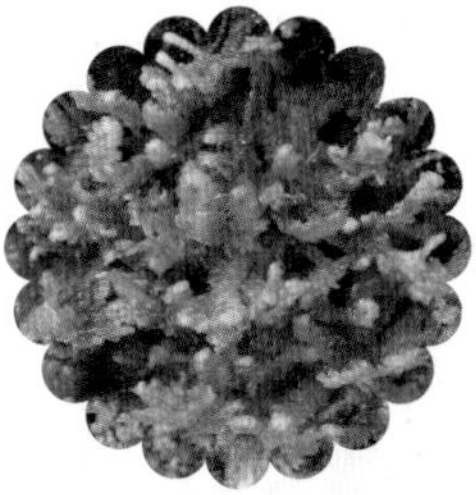

ツノゴケ類

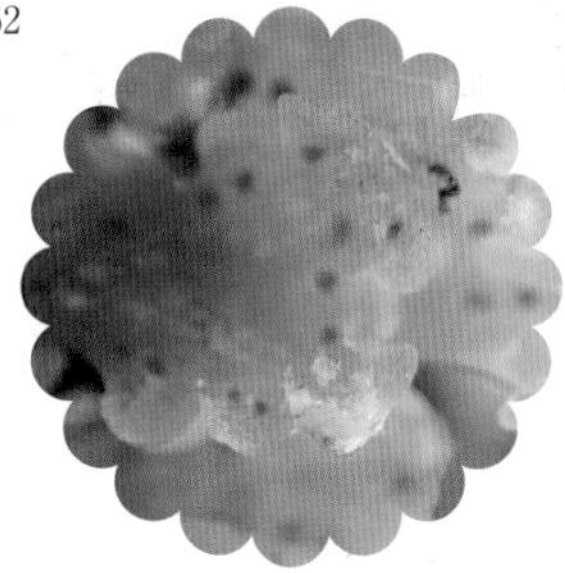

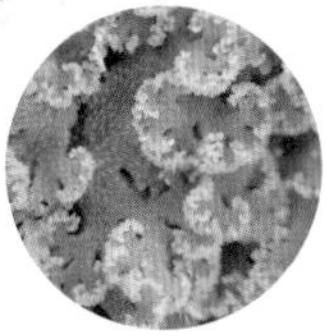

四季でめぐるコケの世界

春

Spring

普段は静かなコケたちが、
胞子を飛ばすために、最も躍動的になる季節。
にょきにょき、つんつん、ふわふわ。
なんとにぎやかで楽しいことだろう。

ゼニゴケ

ヒョウタンゴケ

ハリガネゴケ

オオジャコゲ

エゾミズゼニゴケ

ニワツノゴケ

ケビラゴケ科の仲間

ヤノウエノアカゴケ

ヒロクチゴケ

フルノコゴケ

スジゴケ科の仲間

コツボゴケ

タマゴケ

夏

Summer

梅雨の頃、コケの雄株は美しい〝花〟を咲かせる。
夏本番、街のコケの多くは暑さと乾燥で休眠する。
一方、森では夏の乾いた風を利用して、
胞子を飛ばすコケもいる。

コマチゴケ
雄花盤をつけた雄株の群落

オオミズゴケ
1本の配偶体から複数の胞子体が出る

ムツデチョウチンゴケの雄花盤

フタバネゼニゴケ
雄器托をつけた雄株の群落

ハマキゴケ
雨が降ると明るい緑色だが、乾燥すると茶色っぽく変身する

エゾムチゴケ
胞子体をつけた群落

ケミノゴケ
胞子体をつけた群落

ヒメスギゴケ
胞子体をつけた群落

秋
Autumn

雨が降り、ようやくコケに緑が戻ったと思ったら、
知らないうちに胞子体や無性芽ができていた。
こうしてコケは新しい居場所を増やしていく。
秋のコケも忙しい。

ツガゴケ
胞子体をつけた群落

ヤマトツノゴケモドキ
包膜に包まれた胞子体

ヒノキゴケ
胞子体をつけた群落

ウロコゼニゴケ
胞子体をつけた群落

ギンゴケ
葉のつけ根に球形の無性芽をたくさんつける

ヒメジャゴケ
葉状体の縁に無性芽をつける

シシゴケ
茎頂部に多くの無性芽をつける

カンハタケゴケ
寒い冬の田畑に現れる

キビノダンゴゴケ
真冬に胞子を散布する

ツルチョウチンゴケ
氷におおわれても枯れずに生き続ける

冬
Winter

彩りを欠いた地面の上で「いまこそ私たちの季節！」
とばかりに輝き出すコケがいる。
雪の下でも枯れずに生長を続けるコケもいる。
冬こそ、コケの力強い生命力を見ることができる。

雪をかぶっても折れずに生長し続ける胞子体（蘚類・種名不明）

コケを見分けるための
3ステップ

野外でコケを見かけたら、必ず知りたくなるのがその名前。
でも、そもそもあなたが見ているそれは本当にコケ？
コケを見分けるためには、まずはコケのことを少し知り、
いくつかの手順を踏んで、そのコケの情報を探ってみよう。

step 1

コケとコケのそっくりさんを見分ける

コケとは？

コケと出会うために野外に出た人が、最初に飛び越えなくてはならないハードル、それはコケとコケによく似たそっくりさんを見分けることだ。まずそこを乗り越えられないと、種ごとの見分けも始まらない。

この本で紹介する「コケ」、それは植物分類学の世界では「蘚苔類《せんたいるい》」と呼ばれる陸上植物の一グループをさしている。一方、「コケのそっくりさん」とは、蘚苔類と同じようなサイズで、同じような場所を好んで生える小さな種子植物やシダ植物、さらには地衣類（藻類と菌類が共生する不思議な生き物）、藻類、菌類などのこと。すでにコケに関する書物を何冊も読んでいたり、自宅でコケを育てたりして「コケ慣れ」している人でも、いざフィールドに出てみると、彼らそっくりさんをコケと勘違いしてしまうことは、意外と多い。

昔はみんな「こけ」だった

事実、日本で植物分類学の研究が本格的に進んだ江戸時代後期より以前は、蘚苔類のみならず、地面や木の幹から毛のように生える、見分けのつきにくい微小な生き物はすべて「こけ」と呼ばれていた。漢字では「木毛」や「小毛」という字が当てられていたという。それがのちに中国から渡ってきた「苔（または蘚）」という漢字に「こけ」という音が振られ、苔《こけ》、蘚《こけ》となった。さらにその後、植物学者たちの定めた「コケの条件」を満たす植物のみが「蘚苔類」としてくくられることになったのである。

そのため、いまでもシダ植物や地衣類の仲間には、昔からの呼び方の名残で「○○ゴケ」と名前にコケの付くものが多い。名前にはコケと付くのに、学問上ではコケではないというのだから、なんだかややこしい話である。

コケとよく間違えられる
そっくりさんたち

クラマゴケ(シダ植物)

地面を這うように生えるため、コケと間違えられやすい。

ツメクサ(種子植物)

道端の隙間によく生える。草丈は1～2㎝くらい。春～夏には白い小さな花が咲く。

コケシノブ(シダ植物)

その名の通り、コケのような雰囲気が漂う小型のシダ。

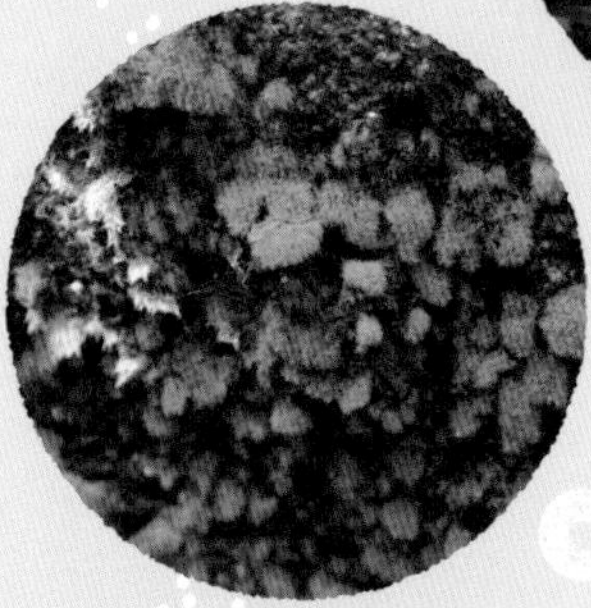

スミレモ(緑藻類)

水中ではなく陸上で一生を過ごす気生藻類。コケやカビとよく間違えられる。

ウメノキゴケ(地衣類)

コケと同じく木の幹をすみかとするが、コケよりも白色～灰色っぽく、手触りも硬い。

何をもって「コケ」？

さて、前ページの写真を見て、コケ初心者の方は、いままでコケと思って見ていたものが、コケではないと知って驚かれているかもしれない。やはり昔の人たちがひとくくりに「こけ」と呼んでいたのと同様、コケとコケのそっくりさんはとてもよく似ていて、一見しただけでは何が違うのかわからない。

では、コケがコケたるゆえん、蘚苔類ならではの特徴とはなんだろうか？

1本では生きられない、か弱き集団

コケは陸上植物の中でも「原始的な植物」といわれている。なぜなら土から水分や養分を吸い上げる根と、それらを全身にいき渡らせる維管束を持ち合わせていないという、そのからだの構造の簡素さゆえだ。コケのからだは基本的に、葉と茎の2つで成り立っている（下図）。根にあたるものはないが、根と同じような役割を果たす仮根《かこん》を持つ。仮根は毛状で、からだを地表に固定させることが主な役割。土から水や養分を吸い上げる機能はあまりない。

さらに多くの種は、葉を構成する細胞が1層だけととても薄いため、乾燥にも弱い。このような理由からどうしても大きくは生長できず、1本では立っていられないほどにか弱い。だから多くのコケは寄り集まって群落をつくり、互いのからだを支え合って生きている。そうすることで、生きていくのに必要な水をより広い面積で受け止めることもできる。

どこにでも生える

土から養分や水を得るための根を持っていないコケは、雨水やそれに含まれる養分を葉や茎の表面か

コケのからだ

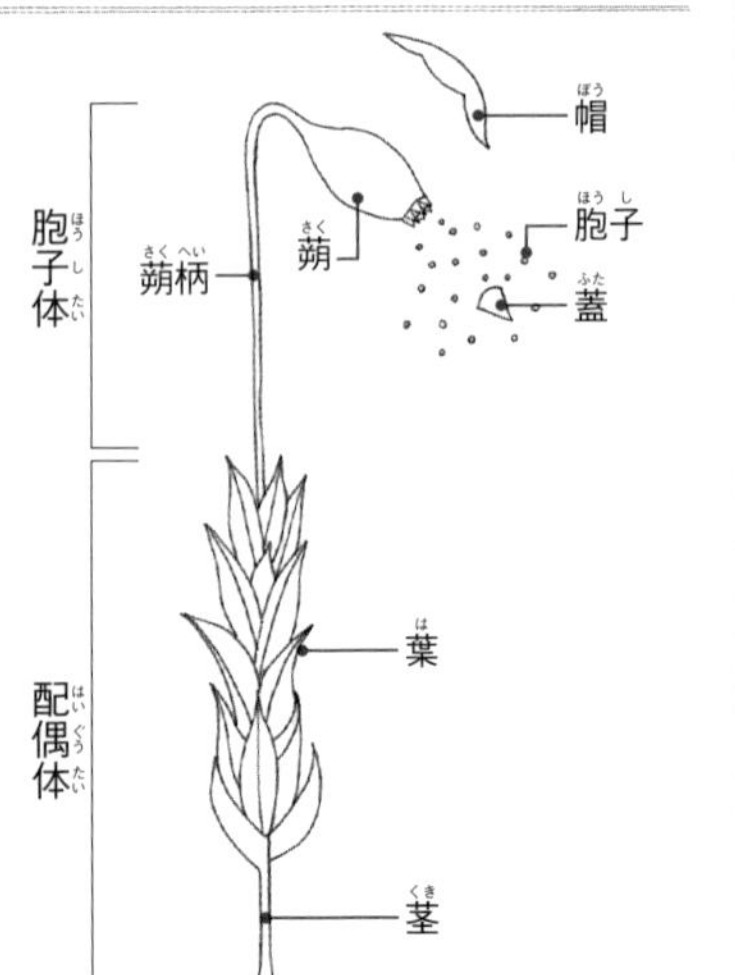

ら直接吸収して生きている。つまり裏を返せば、土がなくても生きられるということ。コケは土を命のよりどころとしている他の陸上植物が進出できない岩や樹幹はもちろん、アスファルトやスチール製の看板などの人工物さえもすみかにできるのだ。

　そして、このような離れ業を可能にしているのには、もう一つ、コケならではのユニークな性質が関係している。それは、周囲の湿度変化に応じて体内の細胞の含水率が変わることである（これを専門用語で「変水性《へんすいせい》」という）。

　コケは湿度が高い環境下では、からだの表面から水分を取り込んで光合成や呼吸などの生命維持活動を行い、反対に周囲の環境が乾燥に傾くと自らも乾燥する。でも、ここで面白いのは、乾燥するとそのまま死んでしまうのではなく、いったんすべての生命維持活動を止めて休眠状態に入るということだ。

　そうして乾燥時はじっと休眠をしてやり過ごし、再び水が得られると、すばやく全身で水を吸収してまた光合成を再開。暑さの厳しい夏や乾燥の著しい冬に、色あせてからからに乾いたコケを見ることがあるが、あれはまさに休眠中の姿なのである。

　このようなからだの仕組みのおかげで、コケは高山や南極など過酷な環境にも群落を広げることができる。この地球上で彼らの住みかとなっていないのは、海中と砂漠くらいのものだ。

水を与えてみよう

乾燥して休眠状態のエゾスナゴケ

霧吹きで水をかけると…

1秒とかからずに水を吸収して葉が開いた！

コケのライフサイクル

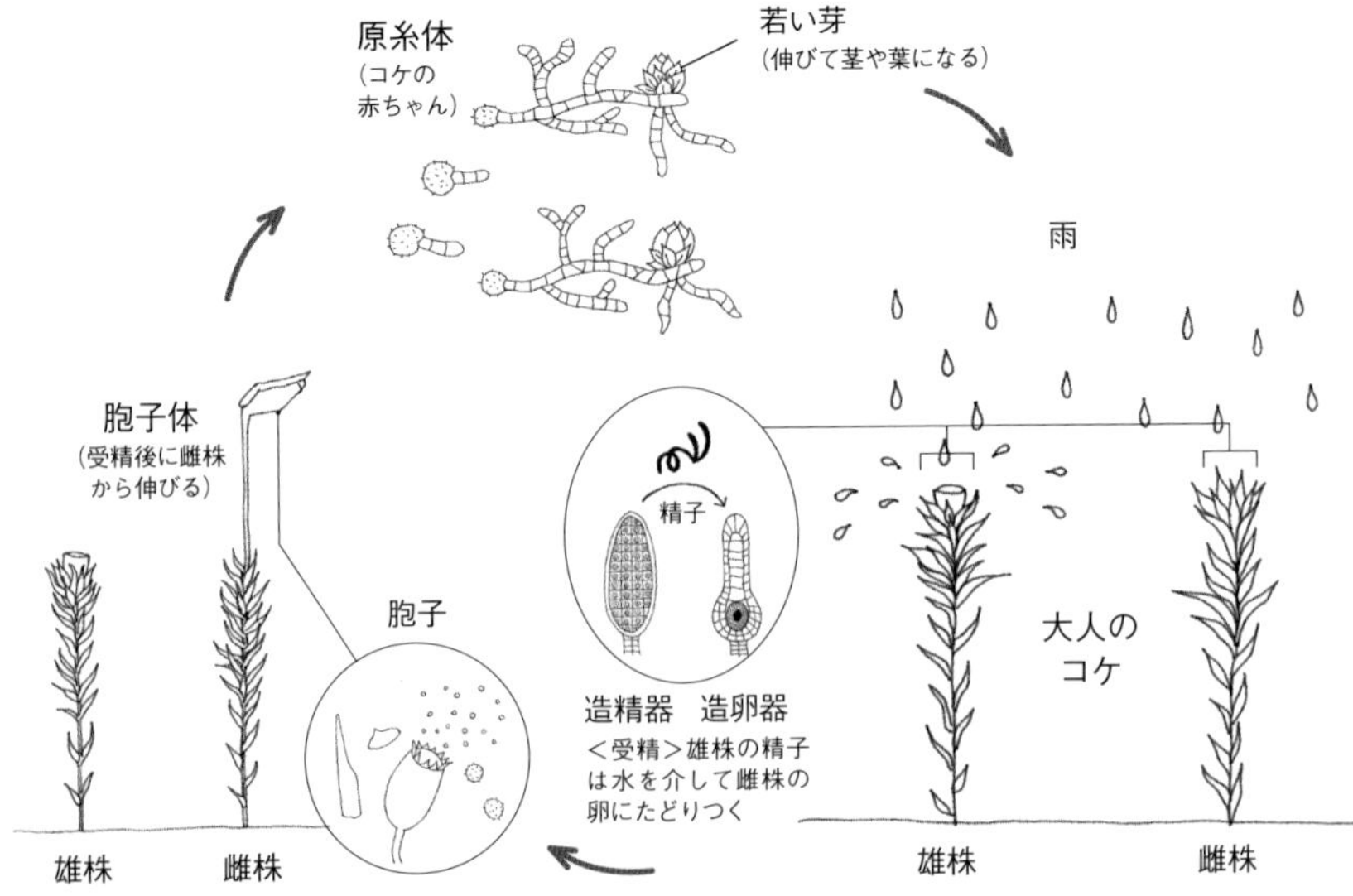

あの手この手で繁殖

もう一つ紹介しなくてはならないコケの特徴、それはコケには花や種子がなく、胞子で増えることだ。雄株の精子が雨水などを介して雌株体内にたどり着き、卵と出会う（受精する）と、胚《はい》が生じる。胚は雌株から養分をもらいながら胞子体《ほうしたい》へと生長する（P16「コケのからだ」参照）。胞子体が伸びる季節は春か秋であることが多い。胞子体の先端には、蒴《さく》という壺状のものがあり、そこには無数の胞子が入っている。胞子は成熟すると蒴の外に放出され、風にのって旅をする。舞い降りた場所が生育に適していれば、発芽してコケの赤ちゃん・原糸体《げんしたい》となり、糸状に広がる。原糸体が生長し、ところどころにできた小さな芽が伸びると、やがて大人の株になる。

しかし、厳しい自然界、いつでもこのように雄と雌が巡り会い、有性生殖ができるわけではない。雄株と雌株が近くにおらず、受精のチャンスすらない場合も多い。そこで、コケは自分の茎葉や無性芽などのからだの一部を分離させて、無性的に個体数を増やす栄養繁殖も随時行っている。栄養繁殖は有性生殖よりも省エネでよりスピーディーに互いを支え合う群落を確実につくり出せるという大きなメリットがある。

無性芽は葉のつけ根や縁などによく生じ、コケの種によって形状に個性がある。コケを見分ける時の有力な手がかりにもなっている。

栄養繁殖のいろいろ

茎の先端が取れる（ヤマトフデゴケ）

粒状の無性芽（ギンゴケ）

葉状体の縁が切れ込んだフリル状の無性芽（ホソバミズゼニゴケ）

カップ状の無性芽器に鼓状の無性芽が入っている（ゼニゴケ）

見た目でわかるコケの特徴

さて、最後にこのステップ1のまとめとして、見た目でわかるコケの特徴を簡単に書き出してみた。この中で4つ以上にチェックがつけば、それは蘚苔類である可能性が極めて高い。

- □ 色が緑色系（深緑色〜黄緑色）である
- □ 葉が透けるように薄い
- □ 葉と茎の区別がつく
- □ 引き抜くと地中に根がなく、スッと抜ける
- □ 茎を折ってもスジ（維管束）がない
- □ 枯れたような状態でも水を与えると緑が蘇る
- □ 胞子体がある
- □ 無性芽がある

※多くの種に当てはまる見た目の特徴を記載。なかには例外のコケもいる。各種の詳細は図鑑ページを参照。

step 2

蘚類《せんるい》か苔類《たいるい》かを見分ける

コケ目《め》になったらルーペ始め

さて、実際に地面にうずくまり、岩や木の幹にぐっと顔を近づけてコケ探しを始めると、時間の経過とともに視界に入ってくるコケの数がどんどん増え、まるで目の前に新しい世界が開けたような楽しさを覚えることだろう。それは、目が小さいものを見るのに慣れて「コケ目《め》」になってきた証拠。

そうしたら、次はルーペを使ってさらにミクロの世界をのぞいてみよう。コケを見るのにルーペは欠かせない道具。まずはこれがないとコケ観察は始まらない。倍率は必ず10～20倍のものを準備する。購入先は大型文具店や雑貨店、インターネットなど。数千円で手に入れることができる。

ルーペの使い方

「幹におでこがくっつく！」と思うくらい近づいたらちょうどピントが合います（筆者）

❶ ルーペは眼鏡をかけるように、必ず目にしっかりとくっつける。

❷ コケにピントが合うまで、顔ごと地面や樹幹に近づいていく。顔を近づけにくい場合は、指先で少量をつまみ取って見る。

注）つまみ取ったコケは元の場所に戻し、上から軽く押さえておいてください。

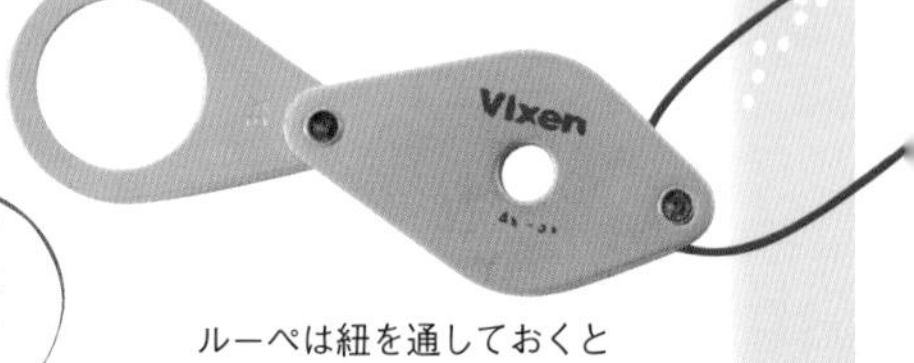

ルーペは紐を通しておくと首にかけられて便利

蘚類・苔類・ツノゴケ類

蘚苔類は陸上植物の一グループだと先に書いたが、さらに細かな特徴ごとに、「蘚類《せんるい》」、「苔類《たいるい》」、「ツノゴケ類《るい》」の3つに分けられる。なかでも蘚類は一番種数が多く、日本に約1270種が知られている。次に多いのは苔類で655種以上。ツノゴケ類は前2者と比べると桁違いに少なく、国内にわずか17種のみで、普段はほとんどお目にかかることがない。これら3つのグループを合わせて、日本には約1900種もの蘚苔類が生育している。さらに世界全体では、およそ2万種のコケが知られている。

中学時代の教科書にコケ植物の代表としてスギゴケ（蘚類）とゼニゴケ（苔類）が紹介されていたのを記憶している人もいるかと思うが、じつはコケってこんなにも種が多く、生態も多様なのである。

どうやって見分ける？

ただでさえ小さいうえ、これだけ種数が多いときたら、そこから何ゴケかを特定するのは、もはや干草の山から針を探し出すような気の遠い話に聞こえるかもしれない。でも、まずはルーペを使ってそのコケが蘚類か苔類かを見分けることから始めてみよう。じつは蘚類か苔類かの見分けは、葉っぱ1枚を見るだけでも可能なのだ。

また、からだの全体的な形状や胞子体の構造など、ここを見れば蘚類か苔類かがわかるというポイントが他にもいくつかある。詳しくは次のページにまとめたので、ぜひ参考にしてほしい。

コケの見分けが上手くなるには、まずは近所のコケを定点観察してみるのがおすすめだ。周りに緑が少ない都会暮らしの人でも心配ご無用。住宅街のブロック塀に、大通りの街路樹に、会社のビルの屋上に、よく散歩に行く公園の土上に、あなたのそばに必ずコケは生えている。定点観察のメリットは、何度も通うことで乾いた時と湿った時の見た目の違いや、胞子体をつけた時の姿など、そのコケの見分けのヒントとなる情報をたくさん得られることにある。

さぁ、ルーペを片手に出かけてみよう。

蘚類

ハイゴケ

セイタカスギゴケ

すべての種が茎と葉の区別がつく茎葉体《けいようたい》。
その中で、茎が直立するタイプと、
茎が匍匐《ほふく》するタイプがある。

匍匐するタイプ

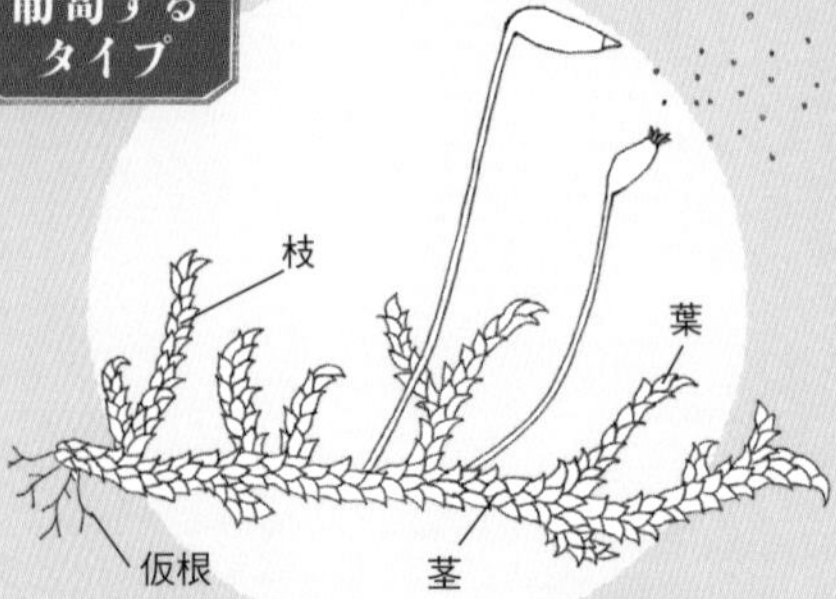

※匍匐する種は胞子体が茎の途中から複数本伸びる。

直立するタイプ

※直立する種の多くは胞子体が植物体の先端から1本伸びる。

胞子体

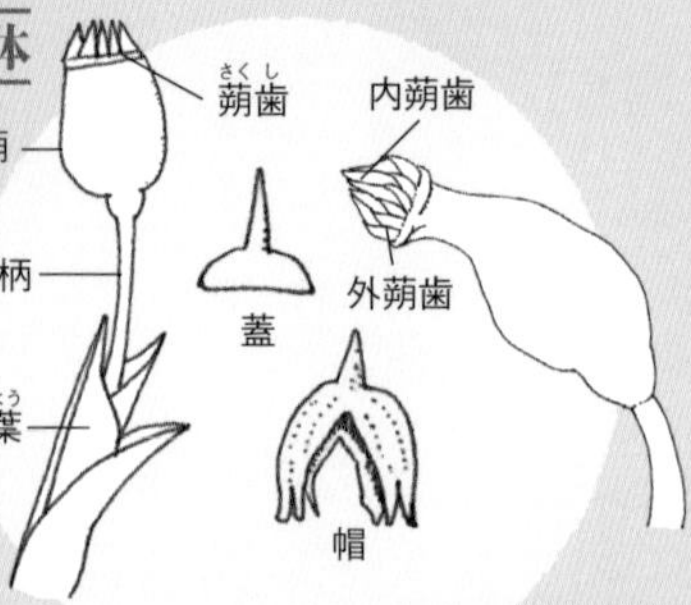

胞子が成熟するまで蒴を守るための帽や蓋がある。また蒴の開口部には胞子の散布量と散布タイミングを調節する蒴歯がある。匍匐する種は蒴歯が2列になっている場合が多い。

葉

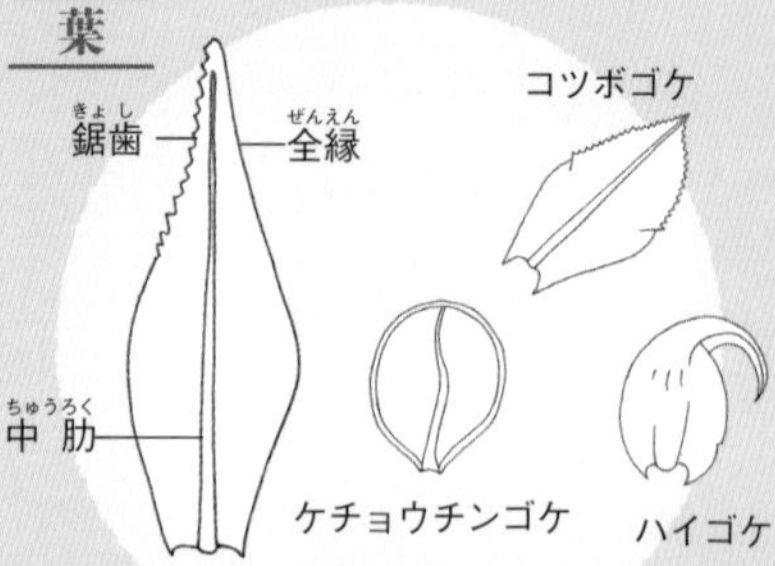

基本的に葉の中央に中肋がある(稀にない種もある)。形はさまざまだが、葉先が尖るものが多い。また、葉縁に鋸歯があるものと、ないもの(全縁)がある。

ツノゴケ類

茎と葉の区別がない葉状体で、
葉状体の中には藍藻類《らんそうるい》が共生。
ツノ状の蒴が伸びていないと
見つけるのはかなり難しい。

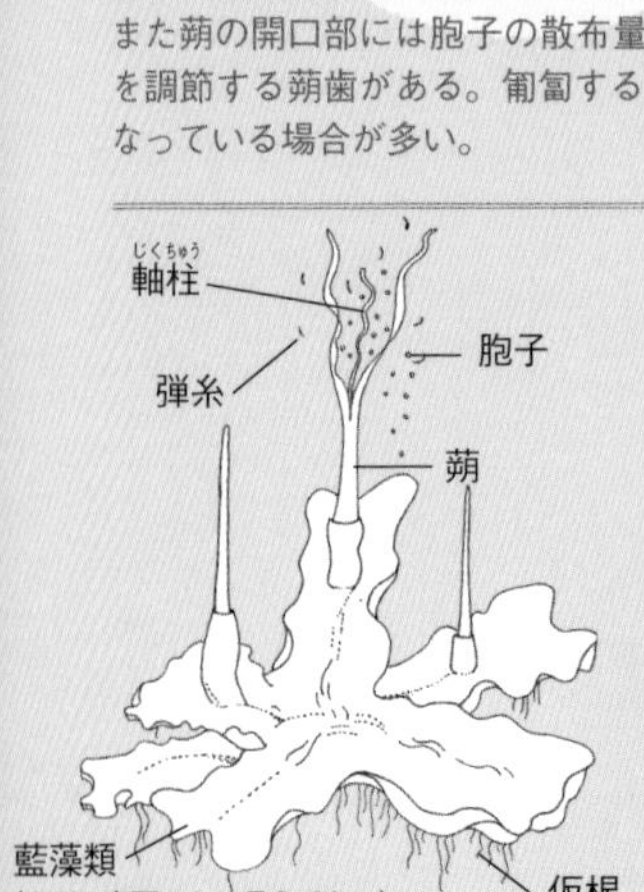

蒴は上から縦に少しずつ裂けて胞子と弾糸を放出。蒴の寿命は長い。

ナガサキツノゴケ

苔類

ホソバミズゼニゴケ

多くの種は小型である。
茎と葉がある茎葉体と、全身が葉のように平たい葉状体《ようじょうたい》がある。

オオホウキゴケ

葉状体

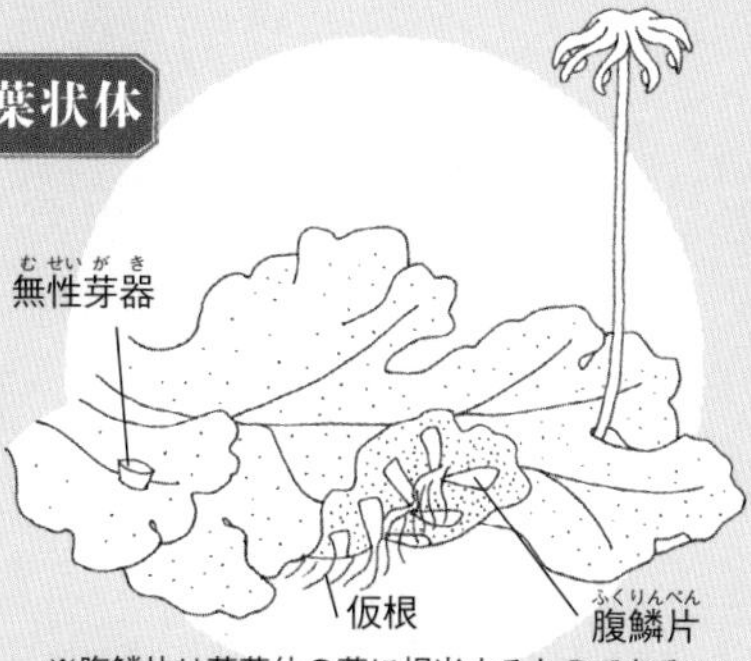

※腹鱗片は茎葉体の葉に相当するものである。

茎葉体

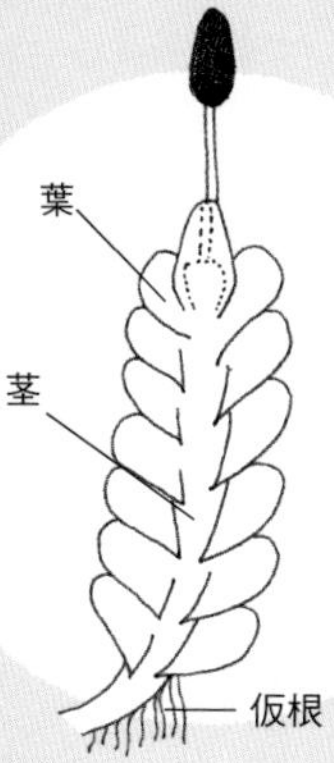

胞子体

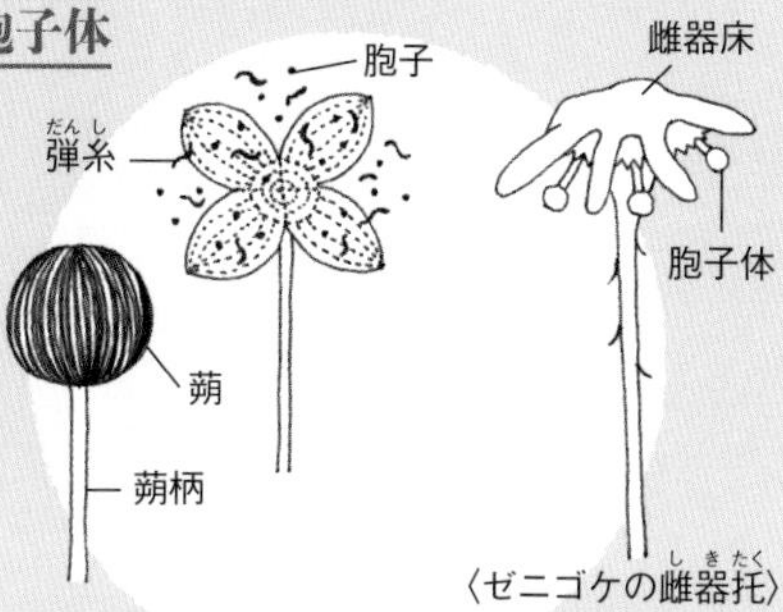

蒴は球形か楕円形が多く、中の胞子が成熟すると黒褐色になり、やがて裂け、胞子と弾糸を一気に放出。放出後は数日のうちに朽ちてしまう場合が多い。

葉

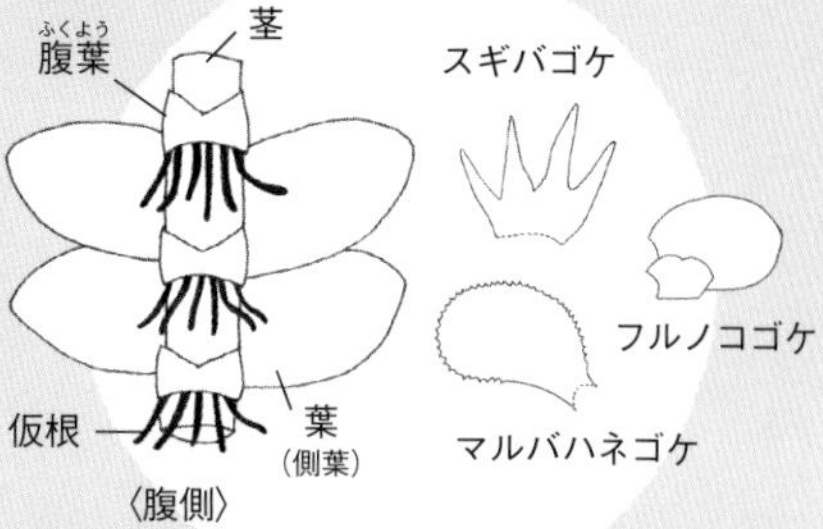

葉(側葉)には中肋がない。先端は丸形、ギザギザ、深い切れ込みがあるものなど変化に富む。また、茎の腹側(基物にくっついている側)に腹葉と呼ばれる第3の葉をもつものもいる。

見分けに役立つ蘚類と苔類のセオリー

蘚類

次のうちどれか1つでも当てはまれば、
それは間違いなく蘚類である。

- □ 葉に中肋がある
- □ 蒴柄の色が赤褐色や黄色である
- □ 蒴に蒴歯がある
- □ 古い胞子体が腐らず残っている

苔類

次のうちどれか1つでも当てはまれば、
それは間違いなく苔類である。ただし
★はツノゴケ類の可能性もある。

- □ 葉に切れ込みがある
- □ 蒴柄は透明でひ弱、数日で朽ちる
- □ 植物体は葉状体である★

step 3

「コケまわり」の情報収集とコケの名付けに挑戦

●図鑑を片手に名前を付ける

さぁ、最後はいよいよ観察しているコケを図鑑と照らし合わせて、「これだ」と思う名前をコケに付けてみよう。まずは蘚類、苔類、ツノゴケ類のどれに属するか目星をつけたら、該当するページをめくって似た雰囲気のコケを探す。これかなと思うコケが出てきたら、書かれている形状や生育環境などのデータと一致するかをチェックする。できればこの際、複数の図鑑と照らし合わせてみるのが望ましい。

とはいえ、コケとは個々の種の違いが、葉先の尖り方のちょっとした差だったり、葉の細胞の形の違いだったりと極めて微細である場合が多い。コケの研究者でさえ、顕微鏡で確認しないと正確な名前にたどり着けないことが日常茶飯事だ。ルーペで見たから、図鑑を見たからといって、すぐに正しい名前にたどり着けるわけではない。これもまたコケの世界では当たり前のことなのである。

●「コケまわり」も侮るなかれ

コケをルーペで観察したあとは、そのコケが生育しているもの（専門用語で「生育基物《せいいくきぶつ》」という）と、生育している環境も必ずチェックしておこう。

というのも、コケは選り好みせずどこにでも生えているように見えて、じつは種ごとに生育条件がはっきり決まっていて、それぞれ自分の好みに合った生育基物・生育環境にしか生えない。たとえば、同じ森の中でも岩と樹木では生えるコケの種はまったく異なるし、同じ1本の樹木の中でさえも、根元と樹幹ではわずかな湿度や日当たりの違いから、生えるコケの顔ぶれが変わる。つまりコケのみならず、「コケまわり」もよく見ておくことが、種を見分ける際にとても重要な情報となるのだ。

「○○ゴケ科の仲間」がわかればまずは良し

しかし、本章で紹介したような方法で何度か観察を重ねていると、そのコケの仲間（科）に共通する特徴が確実に見えてくるようになるはずだ。慣れてくると、群落の雰囲気や葉の形からそのコケが何科の仲間なのか、図鑑のどのページを開けばいいのか、おおよその見当がつけられるようになる。顕微鏡に頼らないコケの見分けというのは、まずはここまでわかったら、じゅうぶん合格点。この段階までくれば、もはやあなたを初心者とは呼ばせない。また、大型で明確な特徴を持ったコケ、近縁種が少ないコケなどもじつはたくさんあり、そういった種についてはルーペでも見分けることができる。

次章では、本章のステップを踏まえたうえで、初心者が出会いやすいコケ、見分けやすいコケを中心に取り上げ、観察の時に着目すべきポイントを紹介している。どうぞ、間違えることを恐れずに、見分ける過程から楽しんでみてほしい。

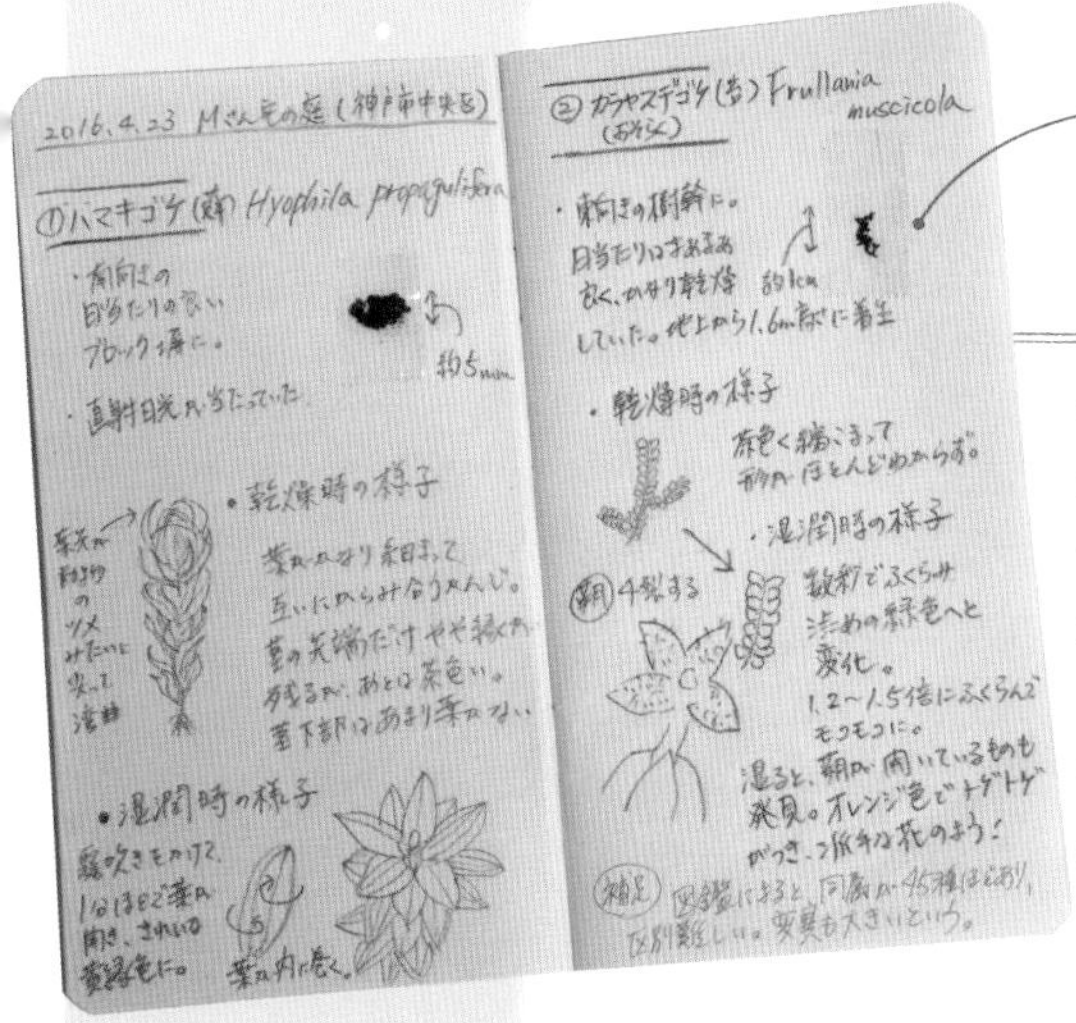

筆者は採集してよい場所なら個体を1、2本採り、セロハンテープではりつけています

観察ノートを作る

生育基物、生育環境、どんな様子で生えているかなどをその場で必ずメモ。記録に残すことはコケをより丁寧に観察することに繋がる。同時にカメラ（接写機能付き）で撮っておいて、帰宅後に画像と図鑑を照らし合わせながら、さらに情報を補足する。

注）採集は同種のコケがたくさん生えている所から、ほんの少しだけ。群落を根こそぎ採るような乱暴な採集は絶対にやめてください。

【図鑑の見方】

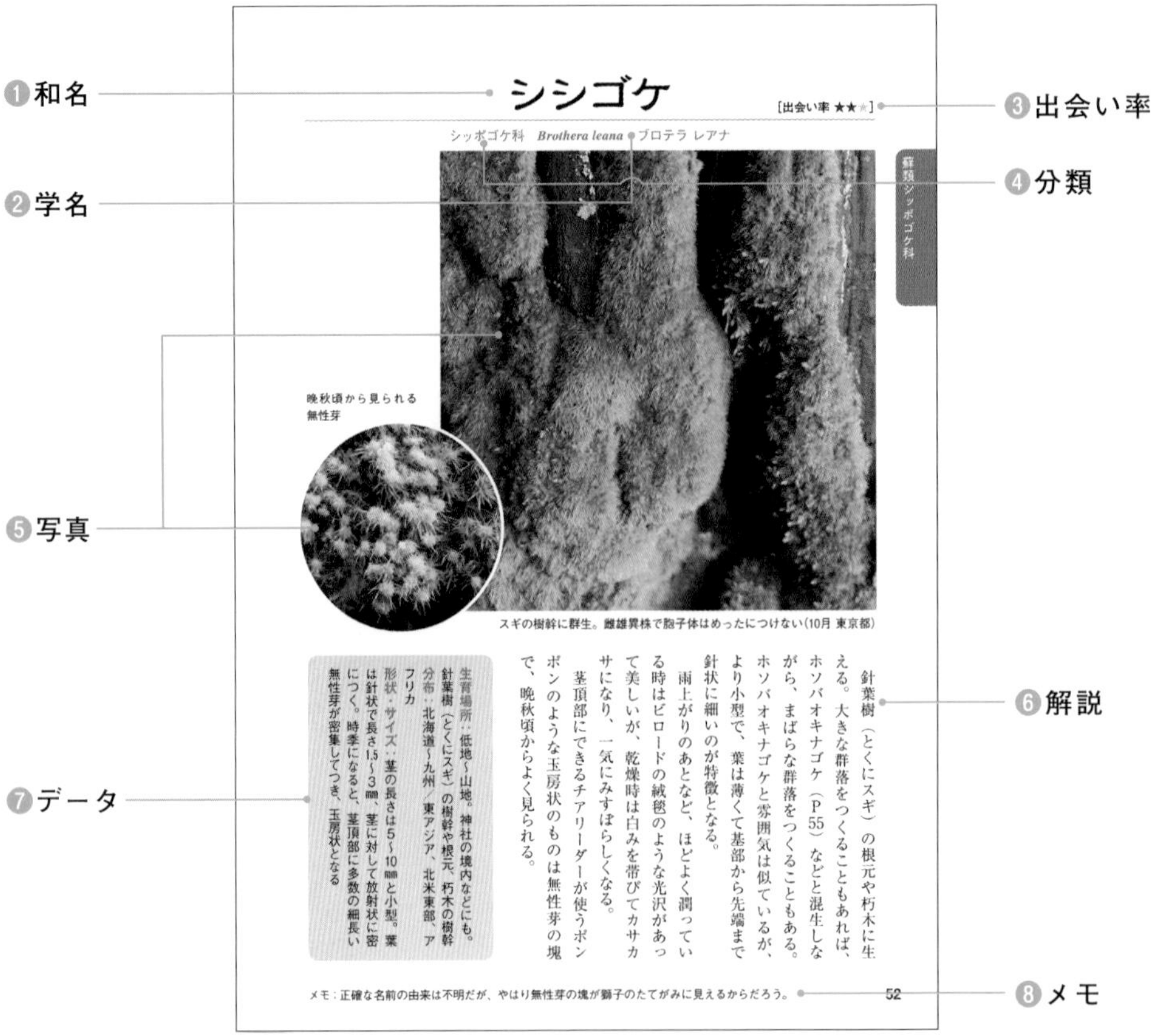

❶和名
シシゴケ
[出会い率 ★★★]
❸出会い率
シッポゴケ科　Brothera leana　ブロテラ レアナ
❷学名
蘚類シッポゴケ科
❹分類
晩秋頃から見られる無性芽
❺写真
スギの樹幹に群生。雌雄異株で胞子体はめったにつけない（10月 東京都）
針葉樹（とくにスギ）の根元や朽木に生える。大きな群落をつくることもあれば、ホソバオキナゴケ（P55）などと混生しながら、まばらな群落をつくることもある。ホソバオキナゴケと雰囲気は似ているが、より小型で、葉は薄くて基部から先端まで針状に細いのが特徴となる。
雨上がりのあとなど、ほどよく潤っている時はビロードの絨毯のような光沢があって美しいが、乾燥時は白みを帯びてカサカサになり、一気にみすぼらしくなる。
茎頂部にできるチアリーダーが使うボンボンのような玉房状のものは無性芽の塊で、晩秋頃からよく見られる。
❻解説
生育場所：低地～山地。神社の境内などにも。針葉樹（とくにスギ）の樹幹や根元、朽木の樹幹
分布：北海道～九州／東アジア、北米東部、アフリカ
形状・サイズ：茎の長さは5～10㎜と小型。葉は針状で長さ1.5～3㎜、茎に対して放射状に密につく。時季になると、茎頂部に多数の細長い無性芽が密集してつき、玉房状となる
❼データ
メモ：正確な名前の由来は不明だが、やはり無性芽の塊が獅子のたてがみに見えるからだろう。
52
❽メモ

❶ 和名	日本国内で使用される標準的な名前。
❷ 学名	ラテン語。世界中で共通する名前。学名は研究の進歩によって変わることがあるが、本書では『日本の野生植物 コケ』（平凡社／2001年）、『日本産タイ類・ツノゴケ類チェックリスト,2018』（片桐知之・古木達郎／2018年）、Tropicos®（ミズーリ植物園のデータベース）のものに準拠しつつ、最新（2024年4月現在）のものも適宜掲載している。ラテン語の読み方は、古典的なラテン語を採用。ただし、人名起源のものは可能な限り本来の発音に従うようにした。
❸ 出会い率	そのコケの生育に適した環境の中で探してみた時に、見つかりやすいものほど星が多い。最大で三ツ星。
❹ 分類	蘚類、苔類、ツノゴケ類にまとめ、それぞれの中の科および種の並びについては、基本的に原始的なコケから進化したコケの順に掲載。『日本の野生植物 コケ』（平凡社／2001年）の分類体系に準拠しつつ、最新（2024年4月現在）の研究論文も参考にした。
❺ 写真	群落または植物体の一部を肉眼やルーペで見るレベルで掲載。
❻ 解説	倍率10～20倍のルーペで確認できる特徴、名前の由来、近縁種との見分け方など。絶滅危惧種などの情報は『環境省レッドリスト2020』を基にした。
❼ データ	主な生育場所、日本と世界の分布範囲、形状やサイズ。
❽ メモ	解説で紹介しきれなかったエピソードや、筆者のコケ目線、コケの豆知識など。

蘚類《せんるい》

Mosses

湿った場所、乾いた場所、日陰、日なた、
さまざまな場所でモコモコと群落を広げる。
胞子体を伸ばすと、蒴柄の色、蒴や帽の形など、
種によって個性が光り、観察がさらに楽しい。

オオミズゴケ

［出会い率 ★★★］

ミズゴケ科　*Sphagnum palustre*　スファグヌム パルーストレ

色は明るい緑色～白緑色。雌雄異株で、蒴をつけることは稀（7月 鹿児島県屋久島）

ミズゴケ科のコケは日本に38種ほどが知られる。細胞壁に穴の開いた袋状の透明細胞を持ち、スポンジのように大量の水を中に貯め込むことができる。コケとしては超大型で、火消の纏《まとい》を思わせるユニークな形状、湿原や湿地など限られた環境に生育することなどから、他の蘚類との見分けは容易。しかし個々の種の見分けは難しい。

ミズゴケ類の大部分は亜高山帯以上に生育するなか、オオミズゴケは低地でも普通に見られる。低地・低山の湿地帯で出会うミズゴケのほとんどは本種。よく似た種にウロコミズゴケがあるが、枝葉が細く、先が強く反り返り、湿原周辺の木陰などに生える。

生育場所：低地～山地の湿原や湿地帯。林床の湿った腐植土上にも

分布：北海道～九州／世界各地

形状・サイズ：茎は高さ10㎝ほど。茎の頂部に短い枝が集まり房状となる。茎の上部から垂れ下がる下垂枝と中部～下部に横に広がる開出枝を持つ（これら2種類の枝がつくのがミズゴケ類の特徴）。下垂枝が太く、ごつい雰囲気がある

メモ：ミズゴケ類は優れた吸水力で乾燥時の重さの約20倍の水を貯えられる。また抗菌性も高くカビにくい。

[出会い率 ★★★]

ホソバミズゴケ

ミズゴケ科　*Sphagnum girgensohnii*　スファグヌム ギルゲンゾーニー

林床の腐植土上にたまった落ち葉の中から顔を出す（3月 鹿児島県屋久島）

ミズゴケ類の多くは湿地・湿原に生えるが、本種は亜高山帯の林床や林縁の腐植土を好む、森林性のミズゴケ。植物体はその名の通り細く、オオミズゴケと同様に大型ながら、華奢で女性的な印象がある。

近縁種はホソベリミズゴケ。本種と同じく大型で、山地で見られる森林性のミズゴケ。また、日本に生育するミズゴケ類としては珍しい南方系で、本州～九州に分布する。常に水でぬれているような場所を好み、湧水がにじみ出ている岩壁や林道斜面と山道の境のような場所で見られる。

ホソベリミズゴケ

生育場所：亜高山帯の林床や林縁の日陰～半日陰の湿り気のある腐植土上
分布：北海道～九州／北半球
形状・サイズ：茎は高さ10㎝ほど。茎の頂部に枝が密につく。下垂枝が開出枝よりずっと長い。枝葉の先が反り返り、ささくれたように見える

メモ：ミズゴケ類は紅葉する種が多いが、本種とホソベリミズゴケは紅葉しないのも特徴の一つ。

COLUMN
苔識 ❶

コケの受難、そのとき人間は？

「今年は夏にコケがずいぶん枯れてしまった」「苔庭の一部がいつのまにか変色している」、社寺の苔庭を管理している人や自宅に苔庭をつくっている人たちから、しばしばそんな声を耳にする。

もちろん原因は複数ある。コケは「永遠」のイメージが強いが、不老不死ではない。生物としての寿命がある。年寄りのコケは代謝が下がり、抵抗力が落ちるため、病気にかかりやすく、若いコケより枯れやすい。また、庭に忍び込んだ動物に運悪く尿をかけられて枯れる場合もあるだろう。

しかし、昨今のコケ枯れは人間の活動が大きく影響していることも強調しておきたい。その最たるものが温室効果ガスの大量排出だ。

温室効果ガスが気候変動の要因と言われていることは、誰もが知るところだろう。気候変動の影響は、平均気温の上昇、猛暑日・熱帯夜の増加、無降水日の増加などの形で現れ、コケの生育にも影を落としている。すでに京都の社寺の苔庭では乾燥に弱い種から枯れ始めているとの調査結果もあり、保全対策が急がれる。

コケの受難といえば、乱獲で減少の一途をたどっている種があることも忘れてはいけない。世界的には北半球の寒冷地域に多いミズゴケ類や、日本では園芸用に人気がある種が野山から消えている。

人間の社会活動は個人の心がけだけでは変えられないように思える。しかし、私たちにも必ずコケを救える方法があるはずだ。つきなみだが、まずは一人ひとりが温室効果ガスの排出を抑える暮らしを継続的に行いたい。また、園芸用には山採りではない、コケ農家が栽培したものを購入してほしい。

[出会い率 ★★★]

クロゴケ

クロゴケ科　***Andreaea rupestris* var. *fauriei***　アンドレアエア ルーペストリス フォーリエイ

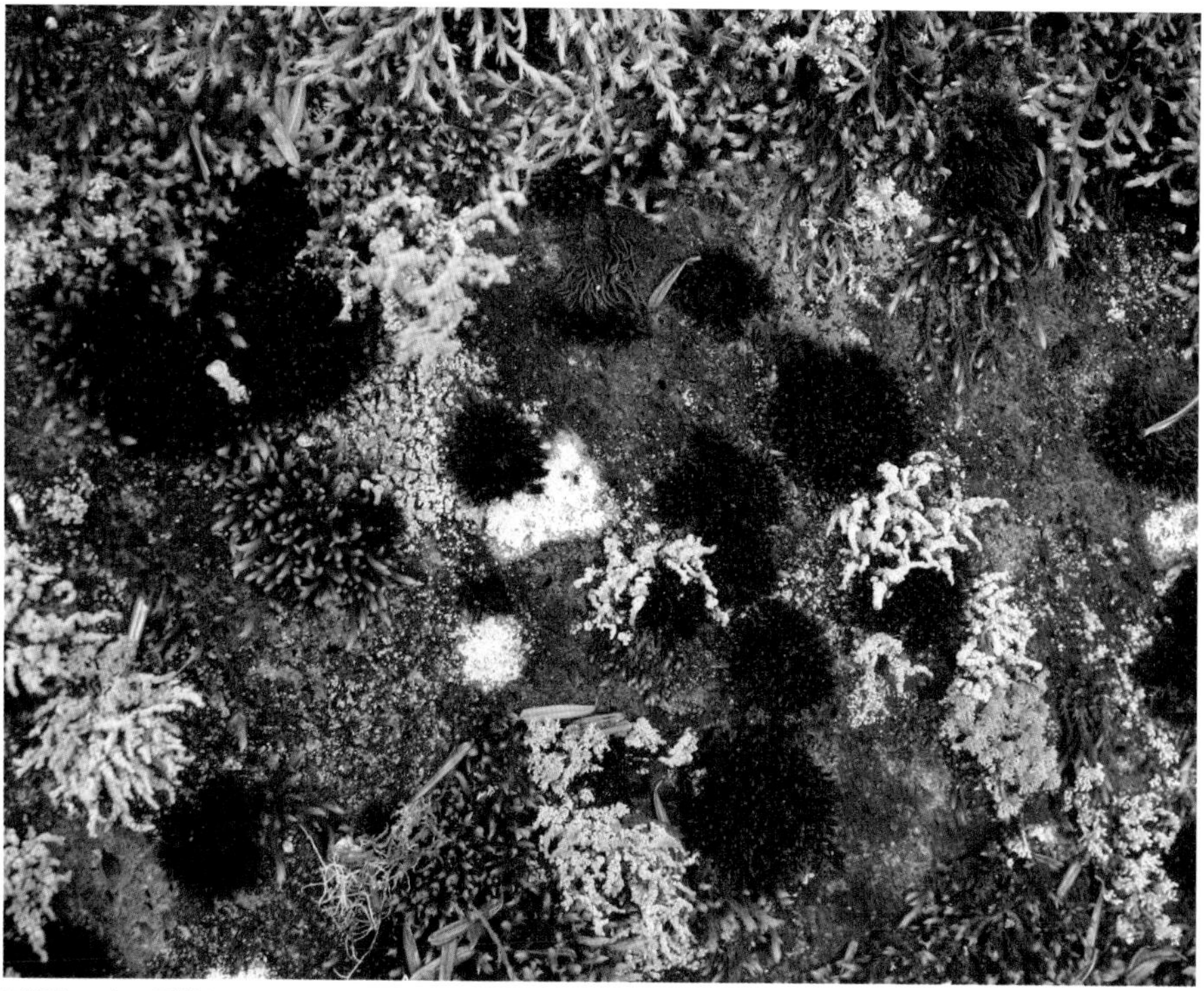

黒褐色の丸い群落をつくる。黄色っぽいコケはコバノスナゴケ。白いのは地衣類(10月 長野県北八ヶ岳)

山地の森を抜けて、周りに高木が生えていない森林限界を越えたあたりから、日当たりの良い岩上でよく見られる。植物体は小さく、群落は一見、枯れているかのような黒褐色。岩にしっかり固着し、触り心地も硬く、正直、出会った時の感動は薄い。

しかし、蒴は蓋がなく、縦に入った裂け目から胞子をまくという他の蘚類にはない特有の形状なので、見つけた際はじっくりと観察してみよう。

蒴は乾燥時のみ4裂し、隙間が開く
(撮影:左木山祝一)

生育場所:亜高山帯～高山帯の乾燥した日当たりの良い岩上
分布:北海道～九州/中国、朝鮮半島
形状・サイズ:茎は高さ約5㎜。葉は中肋がなく中央がややくびれ、乾燥時は茎に接着。蒴は4裂するが、頂部が離れないちょうちん形で、裂け目の隙間から胞子が出る。帽や蒴歯もない

メモ:日本には本種とガッサンクロゴケの2種のみの分布だが、世界にはクロゴケ科のコケが約100種ある。

ナンジャモンジャゴケ
［出会い率 ★☆☆］

ナンジャモンジャゴケ科　*Takakia lepidozioides*　タカキア レピドジオイデス

棒状の葉は茎から落ちやすい。日本では雌株のみで、雄株と胞子体は未知（７月 長野県北八ヶ岳）

コケの中でも珍種。あまりに原始的なからだのつくりであったため、１９５０年代前半に発見された当初は、蘚類か苔類か、はたまたコケですらないのかその正体がわからず、さていったいこれは「なんじゃもんじゃ？」と研究者らを悩ませたのが和名の由来である。学名は本種を北アルプスで最初に発見したコケ研究者・高木典雄博士にちなむ。

植物体は約１cmと小型。亜高山帯～高山帯の日陰の岩の側面に生え、マット状の群落をつくる。

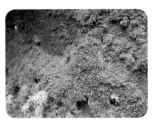

北八ヶ岳。北側斜面に群生する

生育場所：亜高山帯～高山帯の日陰の湿った岩上や岩の側面、隙間など
分布：北海道、本州／中国、台湾、ヒマラヤ、ボルネオ、北米西部
形状・サイズ：茎は直立し、高さ約1㎝。葉は長さ1㎜ほど、棒のような形状で脱落しやすい

メモ：カナダのブリティッシュコロンビア州のモレスビー島には、ほとりに多くのナンジャモンジャゴケが生育していることから、「タカキア湖」と正式に命名された湖がある。

[出会い率 ★★★]

アリノオヤリ

ヨツバゴケ科　*Tetraphis geniculata*　テトラフィス ゲニクラータ

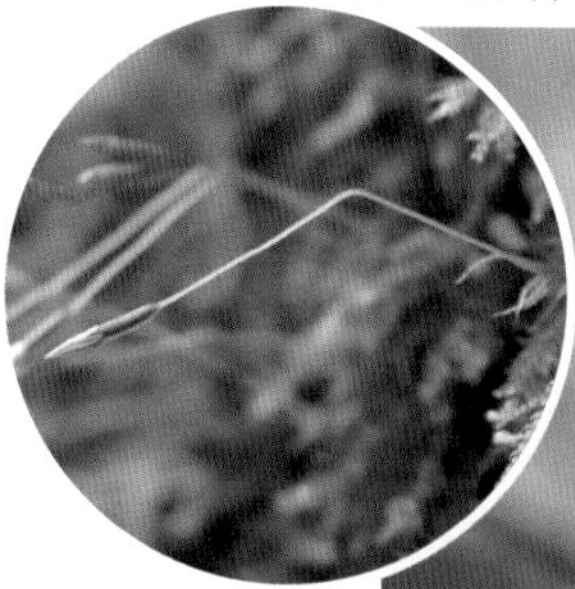

蒴柄は「く」の字に曲がる

蒴歯は４本のみとシンプルな形

胞子体を豊富につけた群落。植物体は淡い黄緑色。針葉樹林の森にて（７月 長野県北八ヶ岳）

ヨツバゴケ科は日本にアリノオヤリ、ヨツバゴケ、コヨツバゴケの3種のみが知られる小さな科である。蘚類の中でも原始的なグループと考えられ、蒴歯が４本しかないのが大きな特徴となる。

　アリノオヤリは低山帯〜亜高山帯に分布。蒴柄が真ん中あたりで屈曲し「く」の字になるというユニークな特徴を持つため、他種と簡単に区別ができる。また、胞子体をつけない茎は頂部の葉がカップ状に集まり、その中に無性芽をつくる。

　ヨツバゴケは本種と似るが蒴柄は曲がらない。コヨツバゴケは蒴を含めても高さが５㎜程度と小さく、高地の日陰の岩壁や、洞穴の入り口付近の天井や側壁に生育する。

生育場所：亜高山帯の腐木や大木の根元など
分布：北海道、本州／中国、極東ロシア、北米西部
形状・サイズ：茎は長さ1〜2㎝。茎は立ち上がり枝分かれしない。葉は卵形。中肋は葉先に届く。蒴柄は1〜2㎝で、中ほどで「く」の字に曲がる。蒴は円筒形。無性芽は円盤形で、葉がカップ状に集まった茎頂部にできる

メモ：蘚類はほとんどの種類に蒴歯があるが、蒴歯の数はすべて4の倍数になっている。

ウチワチョウジゴケ［出会い率 ★☆☆］

キセルゴケ科　***Buxbaumia aphylla***　ブクスバウミア アフィラ

蒴は側面が角ばり、上面
が扁平になるのが特徴

茎葉は退化し、胞子体だけが目立つ。雨粒などが蒴に当たると胞子が散布される（7月 長野県北八ヶ岳）

亜高山帯に分布し、明るい場所の腐植土上に生育。茎葉が退化し、代わりに基物上に広がった原糸体で光合成を行なう。胞子体が出ていないと見つけるのは困難。さらに胞子体も土と同系色で同化しやすく、注意深く地面を探さないと見つからない。

近縁種はクマノチョウジゴケ。森の中の倒木上に生え、蒴は角がなく細長い円筒形になるので区別は容易。日本では南方熊楠が発見したコケとして知られる。

クマノチョウジゴケ。希少種

生育場所：亜高山帯の明るい腐植土上、岩上
分布：北海道、本州、四国、九州／欧州、極東ロシア、北米、ニュージーランド
形状・サイズ：茎と葉は退化。蒴柄は5〜10㎜、蒴は傾いて付き、長さ3〜4㎜、丸みがあるが側面は角ばり、上面は扁平になる。原糸体は宿存性。雌雄異株

メモ：和名のウチワ（団扇）もチョウジ（丁子）も胞子体の形に由来するものだろう。別名はキセルゴケ。

[出会い率 ★★★]

イクビゴケ

イクビゴケ科　*Diphyscium fulvifolium*　ディフィスキウム フルウィフォリウム

葉は濃い緑色、または褐色を帯びた緑色で光沢がない（11月 兵庫県）

蒴柄が極端に短いため、葉に埋もれているように見える蒴は、ずんぐりと膨らみ、先端だけが急に細くなってまるで首の短いイノシシのよう。蒴を包む針状の細い葉も茶色く、どこかイノシシを思わせる。また、胞子の飛ばし方も面白く、雨粒などが当たって蒴が押されると、ひだ状の蒴歯の間を通って胞子をぶほっと噴出する。

　低山の山道沿いに普通にあるコケながら、蒴がついていないと気付きにくく、また、見つけてもナミガタタチゴケ（P36）やコスギゴケ（P37）と間違えやすいので注意。植物体の中央から伸びる芒状《のぎじょう》に尖った葉がたくさん出ていると見分けやすい。

生育場所：低山地の日陰がちでやや湿った地上や土手、山道沿いの斜面など
分布：本州〜琉球／朝鮮半島、中国、フィリピン
形状・サイズ：茎は極めて短く、放射状に開いた葉に埋もれてほとんど見えない。葉は長さ約5㎜で細長く全縁、中央部の葉は中肋が長く突出し、芒状になって蒴を包む。蒴がとても大きく、マツの実の形に似ている

メモ：本種とよく似た見た目のものにミヤマイクビゴケがある。より山地で見られる普通種で、イクビゴケよりもやや小さい。また、葉は針状に細長く、長さ約2〜3㎜となる。

ナミガタタチゴケ

［出会い率 ★★★］

スギゴケ科　***Atrichum undulatum***　アトリクム ウンデュラートゥム

背が低く、スギゴケ科っぽくない柔らかな雰囲気。雌雄同株で秋にたくさん胞子体をつける（7月 静岡県）

スギゴケ科のコケは日本に約30種。比較的大型で、濃い緑色の硬くて細長い葉を持ち、見た目がスギの幼木に似る。葉は乾くと縮れ、蒴を包む帽が毛で覆われるものが多い。

しかし、本種は他のスギゴケの仲間と違い、葉に透明感があり、波打つような強い横じわがある。また、蒴の帽に毛もない。

よく似た近縁種のヒメタチゴケは、より小型で茎は高さ0.5～2㎝。雌雄異株で蒴は稀。また、ヤクシマタチゴケはナミガタタチゴケが土上に生えるのに対し、岩上に生育。さらに、山地の土上で見られる大型のもの（高さ8㎝に達する）はチヂレタチゴケの可能性が高い。

蒴は細長く、帽に毛がない

生育場所：半日陰の土上。公園、庭、社寺、山地
分布：北海道～九州／北半球
形状・サイズ：茎は高さ4㎝近く。葉は長さ8㎜以下、横じわがあり、乾くと強く縮れる。蒴柄は長さ2.5～4㎝。蒴は細長い円筒形でやや湾曲

メモ：このほか、本種の変種にムツタチゴケがある。1本の茎から2～3本の胞子体が出るのが大きな違い。

[出会い率 ★★★]

コスギゴケ

スギゴケ科 *Pogonatum inflexum* ポゴナートゥム イーンフレクスム

雌雄異株で蒴は秋に成熟。暖かそうなフェルト状の毛のついた帽で覆われる(10月 千葉県)

ナミガタタチゴケと並んで低地に多く、都市部の庭や植え込み、公園、校庭などの土上でもよく見られる。図鑑などで蘚類の代表選手として扱われることも多いことから、知名度はコケ植物の中でもトップクラスである。

一方、見た目がそっくり過ぎてその存在がほとんど知られていないのが、近縁種のヒメスギゴケ。ルーペでの見分けは、乾燥時の葉の巻き方を見るのが唯一の手段。

コスギゴケ
葉が不規則に
著しく縮れる
ヒメスギゴケ
葉先だけゆるく巻く
程度で茎に沿う

生育場所：低地～山地の土上。公園、庭、土手

分布：北海道～九州／朝鮮半島、中国、極東ロシア

形状・サイズ：茎は高さ1～5㎝。葉は不透明な緑色で縁に鋸歯があり、乾燥すると著しく縮れる。蒴柄は長さ1～3.5㎝。蒴は円筒形

 メモ：他にもよく似た近縁種にチャボスギゴケやシンモエスギゴケもある。いずれも本種より小型で岩上生。

セイタカスギゴケ

[出会い率 ★★★]

スギゴケ科　***Pogonatum japonicum***　ポゴナートゥム ヤポニクム

植物体は濃い緑色。茎頂部から年に１回、胞子体が伸びる。雌雄異株（10月 長野県）

茎の高さは生長がよいと20㎝以上にもなり、スギゴケの仲間では日本最大のコケとして知られる。大型なうえ群落は林床一面に広がることもあり、亜高山帯の森を歩けば必ずと言っていいほど目に留まる。

なお、葉は乾燥すると激しく縮れる。湿潤時があまりに堂々とした風貌だけに、かわいそうなくらいみすぼらしく見える。

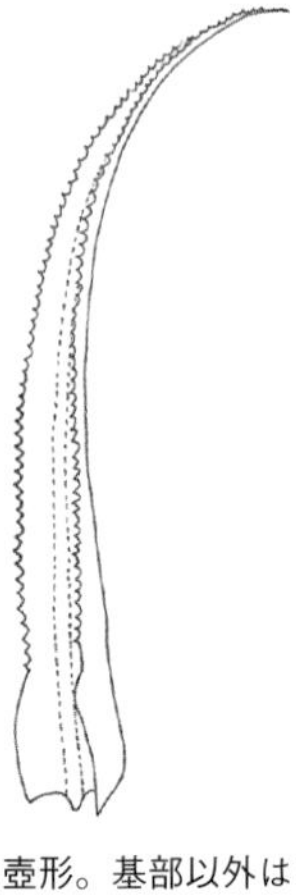

葉は壺形。基部以外は幅が狭い

生育場所：亜高山帯針葉樹林の林床の明るい腐植土上や朽木上。登山道脇にもよく見られる

分布：北海道〜九州／朝鮮半島、中国、極東ロシア

形状・サイズ：茎は高さ8〜20㎝以上、分枝しない。葉は長さ1〜1.8㎝、基部だけ卵形だが急に針のように先細り、細まった部分には鋭い鋸歯がある。また、葉は乾くと著しく巻いて縮れる。蒴柄は長さ1.5〜3㎝。蒴は円筒形

メモ：スギゴケの仲間は、蒴の開口部が白い膜（口膜）で覆われるため、胞子は隣り合った蒴歯の隙間からのみ放出される。

[出会い率 ★★★]

コセイタカスギゴケ

スギゴケ科　***Pogonatum contortum***　ポゴナートゥム コントルトゥム

斜面から垂れ下がって生える大群落。雌雄異株（7月 長野県）

セイタカスギゴケと同じく、山地〜亜高山帯の林床に普通に見られる。斜面に生えるものは垂れ下がり、平地に生えるものはセイタカスギゴケと同様に直立する。前種よりサイズはやや小さいが、葉の形はずんぐりとして幅が広い。

近縁種はホウライスギゴケ。外見はとてもよく似るが、より標高の低い場所で見られ、主に本州中部以西〜九州に分布。屋久島の森では、このコケの方が幅を利かせている。

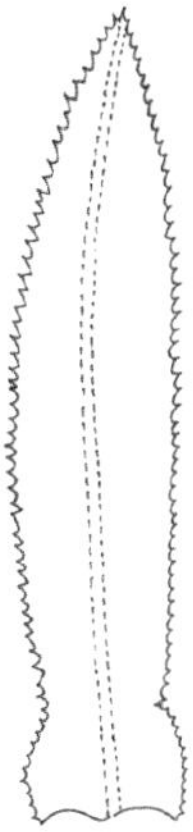

葉は全体に幅があり、基部にも鋸歯がある

生育場所：セイタカスギゴケと同じ
分布：北海道〜九州／朝鮮半島、中国、極東ロシア、北米西部
形状・サイズ：茎は高さ4〜10㎝ほどで、枝分かれしない。葉は長さ4〜8㎜、鋸歯があり一定の幅を保ちながら細長く伸びる。乾燥時は著しく巻いて縮れる。蒴は円筒形

メモ：スギゴケの仲間の学名に多い「Pogonatum」のpogonとは、髭《ひげ》のこと。帽に毛があることを意味する。

ハミズゴケ

[出会い率 ★★★]

スギゴケ科　***Pogonatum spinulosum***　ポゴナートゥム スピーヌロースム

胞子体はスギゴケの仲間に共通の毛のついた帽を持つ。周辺は原系体の青緑色で覆われる（11月 兵庫県）

「葉見ず苔」の名の通り、葉が見えないコケ。胞子体さえあれば肉眼でも本種とわかる。探す時は周囲の草が枯れて地面があらわになる晩秋からがおすすめ。なお、配偶体はまったくないように見えるが、じつは退化して存在する。蒴柄の基部をルーペで見ると極小の葉がついているのが確認できる。

配偶体がほとんど見えない一方で、胞子体の次に目立つのが地面一帯を薄く覆う藻類のような青緑色だ。これは本種の原糸体で、配偶体が生えたあともずっとそのまま残り、発達しない配偶体の代わりに光合成を行っている。

生育場所：山地の山道の斜面や土手の湿った土上。大人の膝下くらいの高さにある場合が多い
分布：北海道〜九州／朝鮮半島、中国、極東ロシア、フィリピン
形状・サイズ：宿存性の原糸体が地上を覆い、その上に退化した配偶体が散生。茎は長さ約2㎜ほど。茎には数枚の鱗片状の葉が密着するが、いずれも肉眼では見えないほど小さい。蒴柄は2〜4.5㎝と長い。蒴は円筒形。雌雄異株

メモ：近縁種はヒメハミズゴケ。蒴柄は２㎝以下で小型。国内では屋久島や沖縄に分布する。環境省のレッドリスト（2020）のカテゴリーで準絶滅危惧種である。

[出会い率 ★★★]

ウマスギゴケ

スギゴケ科　*Polytrichum commune*　ポリトリクム コムネ

和名の由来は、帽に豊富につく毛を茶色い馬のたてがみに見立てたことから（6月 神奈川県）

大型で、明るい場所を好む。苔庭には欠かせないことで名の知られたコケ。スギゴケの仲間の多くは乾くと葉が縮れるが、本種は葉がぴったりと茎に接して筆の穂のようになる。また、若い蒴は他のスギゴケの仲間のように直立するが、古くなると首を傾け、角柱形になるのも特徴。

近縁種はオオスギゴケ。見た目はよく似るが、オオスギゴケは林内など半日陰の土上を好み、蒴の首にこぶがない。

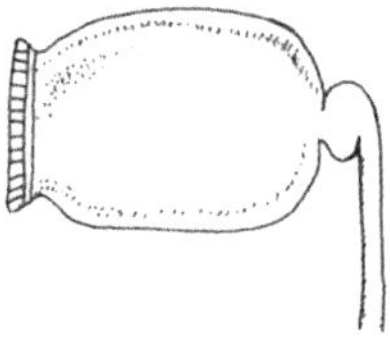

ウマスギゴケ：蒴の首に明瞭なこぶ

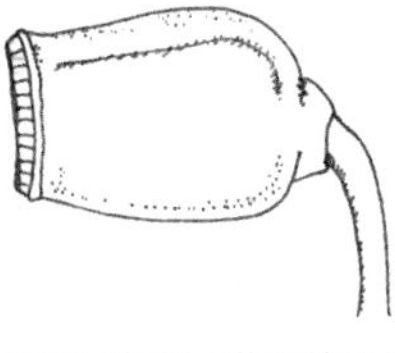

オオスギゴケ：蒴の首はくびれるのみ

生育場所：低地～高山の明るく開けた土上。湿った場所を好み、湿地や湿原にも。苔庭

分布：北海道～九州／世界各地

形状・サイズ：茎は高さ5～20㎝。葉は長さ約6～12㎜で鋸歯がある。蒴柄は長さ5～10㎝。蒴は角柱形で、首は深くくびれてこぶがある

メモ：他の近縁種にスギゴケ。ウマスギゴケとオオスギゴケは葉の縁に鋭い歯があるが、スギゴケの葉の縁に歯はなく、内側に巻いている。また、スギゴケは中部以北の冷涼な山地～高山帯に主に分布している。

ハリスギゴケ

［出会い率 ★★★］

スギゴケ科　*Polytrichum piliferum*　ポリトリクム ピリフェルム

富士山５合目付近にて。溶岩地に赤い雄株が映える。葉先から透明な芒が伸びる（5月 山梨県）

高山性のコケで、スギゴケの仲間の中では小型。日当たりの良い裸地に群落をつくる。富士山では森林限界を越えた辺りからよく見られる。

葉先から毛のように伸びる芒は強い陽射しから身を守るための工夫で、シモフリゴケ（P65）同様、過酷な環境に生えるコケならではの処世術である。

雌雄異株。雄株は真っ赤な雄花盤を持ち、まるで花が咲いたように美しい。

雌株は地味。帽には毛が密生する

生育場所：高山の日当たりの良い岩上や砂上
分布：北海道、本州／世界各地
形状・サイズ：茎の高さは約2～3㎝、ほとんど枝分かれしない。葉は茎上部に集まり、縁は内側に巻き、乾燥すると茎に接着。また葉の中肋が非常に長く、葉先を突き抜けて透明～白色の芒状となる

メモ：スギゴケ属のコケは英名で「Haircap moss」という。Haircap はフェルト状の帽を指すのだろう。本種の英名は「Bristly haircap」。過酷な環境下、bristle（剛毛）な帽で蒴を守っているのかも。

[出会い率 ★★★]

キャラボクゴケ

ホウオウゴケ科　*Fissidens taxifolius*　フィシデンス タキシフォリウス

丸く固まって、小さな群落を点々とつくることが多い（10月 埼玉県）

ホウオウゴケ科のコケは葉が左右２列に規則正しく平たくつき、この仲間に固有の形状となるため他の科との区別は容易。しかし日本産だけでも約１００種あり、変異も大きいため、個々の種の見分けは難しい。

本種はホウオウゴケ科の中では小型で、茎の長さは約15㎜まで。全国で広く見られる普通種である。植物体は明るい緑色～黄緑色で、群落はロゼット状になりやすいことから半日陰の土上によく映える。ルーペでよく見ると葉の中肋が葉先から突出しているのがわかる。

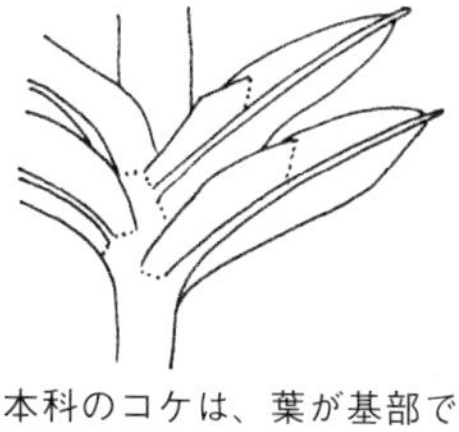

本科のコケは、葉が基部で２枚に分かれて茎を抱く。本種は中肋が突出する

生育場所：低地～山地の半日陰の土上や岩上。公園の階段の蹴上げ（階段の垂直面部分）など

分布：北海道～琉球／世界各地

形状・サイズ：茎の長さは葉を含めて5～15㎜。葉は乾いてもあまり縮れず、中肋が葉先から突出する。蒴柄は長さ15～17㎜で、茎の基部から出る。雌雄異株

メモ：近縁種はコホウオウゴケ。本種と同じような場所で普通に見られ、両者を区別するのはなかなか難しい。コホウオウゴケは葉の中肋が葉先近くに達するものの突出はしない。

ホウオウゴケ

［出会い率 ★★★］

ホウオウゴケ科　***Fissidens nobilis***　フィシデンス ノービリス

全国に広く分布。日本産のホウオウゴケ科の中で最も大きくなる種の一つ（11月 青森県奥入瀬渓流）

植物体は濃い緑色。沢近くの日陰の湿った岩の斜面や地上に群生する姿がよく見られる。茎の長さは４㎝以上で、生長が良いと９㎝ほどに達することもある。

近縁種は、本種よりも小型でやや乾いた場所にも多いトサカホウオウゴケ。また、中型のナガサキホウオウゴケ（茎の長さは６㎝まで）も本種と外見がよく似るが、こちらは常に水滴がかかるような水に濡れた岩上に生育。本州～琉球に分布し、とくに本州の中部以南でよく見られる。

ナガサキホウオウゴケ

生育場所：沢近くの日陰の湿った岩上や地上
分布：北海道～琉球、小笠原／極東ロシア、アジアの温帯～熱帯、オセアニア
形状・サイズ：茎は長さ４～９㎝。蒴柄は長さ５～15㎜で、茎上部の葉のわきから出る。雌雄異株

メモ：ナガサキホウオウゴケと大きさ、生育環境が非常によく似たものにミヤマホウオウゴケがある。蒴は未知。

［出会い率 ★★★］

トサカホウオウゴケ

ホウオウゴケ科　*Fissidens dubius*　フィシデンス ドゥビウス

胞子体は茎の中ほどの葉のわきから出る。蒴柄の長さは5〜13㎜ほど。雌雄異株（12月 兵庫県）

ホウオウゴケより小さく、キャラボクゴケ（P43）より大きい、ホウオウゴケ科の中では中型のコケ。植物体は緑色〜黄緑色。葉の上部の縁にだけ不規則なギザギザの重鋸歯があり、和名はそれがニワトリのトサカを思わせることに由来する。

しかし実際は、トサカは初心者がすぐに見てわかるほど顕著なものではない。ある程度の経験者が倍率20倍のルーペで観察し、やっとわかるかどうか…。ぜひ明るい場所で目を凝らして見てほしい。

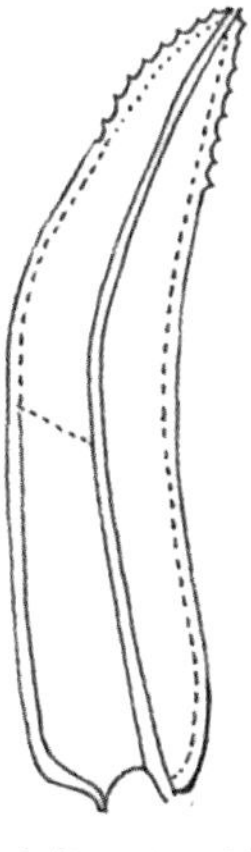

葉の上部にだけ重鋸歯がある

生育場所：山地の岩上や地上
分布：北海道〜琉球／北半球
形状・サイズ：茎の長さは葉を含めて1〜3.5㎝。葉の縁は全周にわたって葉の葉身部よりも1トーン明るい帯状となる。また葉の上部の縁にはニワトリのトサカに似た重鋸歯がある

メモ：本種を含め、ホウオウゴケ科のコケには雄株が矮雄《わいゆう》となり、雌株の葉の上で一生を終えるものがある。

ユウレイホウオウゴケ

[出会い率 ★★★]

ホウオウゴケ科　*Fissidens protonemaecola*　フィシデンス プロトネマエコラ

蒴。蒴歯は1列で16本
（撮影：熊谷芳春）

撮影：熊谷芳春

宿存性の原糸体の上に蒴が直立する。雌雄同株（3月 東京都）

植物体が0.1〜0.2㎜という超極小のコケ。小さすぎて採集や分類が困難な「研究者泣かせのコケ」と言われている。

低山の薄暗い林内に転がる岩や石によく生える。茎や葉はあるが、肉眼での識別は極めて困難。基物に藻のように張りついた原糸体があり、その上に2㎜程度の蒴柄と鮮やかなオレンジ色の蒴があれば、本種の可能性がある。

なお、原糸体は植物体が成熟したあとも残っている宿存性で、本種の特徴のひとつとなる。

林内の岩に生えている様子。本種は○印の中。他にも数種のホウオウゴケ属が混生していた

生育場所：林の半日陰の地上、岩上
分布：本州〜九州／中国
形状・サイズ：茎は短く長さ0.1〜0.1㎜。葉は2〜3対つき、長さ0.3〜0.6㎜。蒴柄は長さ0.8〜2.4㎜。蒴は直立。原糸体は宿存性

メモ：ホウオウゴケ科のコケには、茎の長さが1㎝以下のものが他にも何十種とある。こうした極微の一群はコケ研究者たちの間で「マイクロ・フィシデンス」と呼ばれている。

[出会い率 ★★★]

ヤノウエノアカゴケ

キンシゴケ科　*Ceratodon purpureus*　ケラトドン プルプレウス

乾燥時に胞子が飛ぶ。写真右横に写る白っぽい煙状のものは本種の胞子（4月 兵庫県）

和名からつい屋根の上ばかりを探しがちだが、道端のコンクリート上、公園や社寺の日当たりの良い砂質土上などに普通に見られる。屋根に生育する場合は、古い藁ぶき屋根によく見られる。植物体は黄緑色で直立する。個々は小さいが、密に集まってクッション状の大きな群落をつくることがある。

胞子を飛ばす春には、上写真のように蒴柄と蒴が赤褐色になり、群落全体が赤く見えるためよく目立つ。雌雄異株。

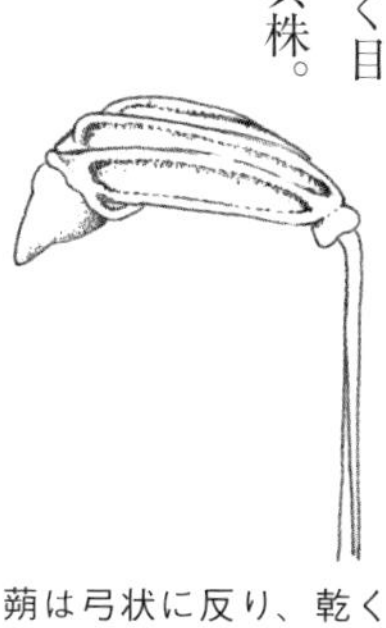

蒴は弓状に反り、乾くとすじが入るのが特徴

生育場所：低地の開けた場所のコンクリート上や砂質土上。古い藁ぶき屋根の上にも
分布：北海道～琉球／世界各地
形状・サイズ：茎は長さ1㎝以下。葉は長さ1.2～2.5㎜、茎に放射状につく。蒴柄は赤紫色～黄褐色で、長さ1～3㎝。蒴は赤褐色で、やや湾曲する円筒形、乾くと8本の深い縦すじが入る

メモ：過酷な場所にもよく生える。南極ではギンゴケと並んで幅を利かせているとか。

キンシゴケ

[出会い率 ★★☆]

キンシゴケ科　*Ditrichum pallidum*　ディトリクム パリドゥム

若い蒴をつけた胞子体。蒴柄は細く金糸のよう。全体的に繊細な印象。雌雄同株（４月 兵庫県）

周りに草木のない開けた裸地、車道脇の斜面、土手面などに生育し、都市部でも見られる。春になると、長さ４㎝ほどの黄色の蒴柄をいっせいに伸ばし、その場所が金色がかって見えるほど華やかになる。ただ、配偶体は高さわずか１㎝程度と非常に短いため、胞子体が伸びていない時はその存在自体に気付きにくい。

茎は短く、ほぼ針状の葉しか見えない

生育場所：低地～低山地のやや日当たりの良い裸地や土手面
分布：北海道～九州／北半球
形状・サイズ：茎は高さ5～10㎜。葉は長さ1～4㎜、淡い緑色～黄緑色で針状に細長く伸び、上半分の縁には小さな鋸歯がある。中肋は太い。蒴柄は透明がかった黄色で、長さ4㎝ほどに達し、糸のようにまっすぐ伸びる。蒴は円筒形。帽は嘴《くちばし》のように先が長く尖る

メモ：近縁種にベニエキンシゴケがある。「金糸苔」というものの紅褐色の蒴柄を持つ。

[出会い率 ★★☆]

エビゴケ

エビゴケ科　*Bryoxiphium japonicum*　ブリオキシフィウム ヤポニクム

凝灰岩系地質の鎌倉では、切通しの岩壁やお寺の石垣によく見られる（12月 神奈川県）

薄緑色で、岩壁の垂直面からヤナギの枝のように垂れ下がり、壁一面を覆って大群落となることが多い。茎も葉も平たく、茎頂部につく葉の先が毛のように長く伸びるのが大きな特徴となる。和名もその毛のような葉先がエビの触角に見えることに由来。さらに春に成熟する卵形の蒴は、エビの目のようにも見える。

エビゴケ科のコケは、日本では本種のみで近縁種はない。その特徴的な姿から、初心者が肉眼で最も見分けやすいコケの一つである。雌雄異株。

生育場所：山地の直射日光が当たらず、やや湿度があって風通しのよい岩壁や岩。とくに火山岩・凝灰岩地帯ではよく見られる
分布：北海道～九州／極東ロシア、朝鮮半島、中国、フィリピン
形状・サイズ：茎の長さは1～3㎝。たくさんの葉が茎の両側に規則正しく2列につく。葉は茎頂部のものは葉先が透明～白色で、毛のように長く伸びる。蒴柄は茎の先端から短く伸びる。蒴は卵形。蒴歯はない

メモ：名前はエビだが、手触りはしなやかで心地よい柔らかさがあり、まるで育ちのよいイヌの毛並みのよう。

ユミダイゴケ

[出会い率 ★★☆]

ブルッフゴケ科　*Trematodon longicollis*　トレマトドン ロンギコリス

春にいっせいに胞子体を伸ばした群落はじつに見事（4月 茨城県）

帽をかぶった部分が蒴の壺。壺と蒴柄の境の部分が蒴の首（撮影:吉田茂美）

植物体は明るい緑色〜黄緑色。葉は基部は幅が広いが、葉先は針のように細く尖り、曲がる。

全国の低地に多く分布するものの、植物体の高さが1㎝前後と蘚類の中でもとりわけ小さく、見つけようと思ってもなかなか見つけられない手ごわいコケである。さらに見つけても、初心者は他の種と区別するのがとても難しい。

ただし、胞子体があれば話は別。蒴柄は透明感のある黄色が美しく、蒴の首は長くて一定の太さがあり、蒴も含めて弓状に曲がるという、独特の形状となることから、とても目立つ。雌雄同株。

生育場所：低地〜山地のやや日陰〜日当たりの良い裸地、花壇、造成地、たき火跡などの土上
分布：北海道〜琉球、小笠原／朝鮮半島、ユーラシア、南北アメリカ
形状・サイズ：茎は長さ3〜10㎜と小型。葉は長さ3〜4㎜。蒴柄は長く1.5〜3㎝で黄色。蒴は円筒形で長さ2〜3㎜。蒴の首が蒴の壺の長さよりも2倍ほど長くなるのが特徴

メモ：新しい造成地などによく群生するが、長くは定着しないので、いざ探して見つけるのは意外と難しい。

[出会い率 ★★☆]

ヤマトフデゴケ

シッポゴケ科　*Campylopus japonicus*　キャンピロープス ヤポニクス

早春の胞子体。1つの茎に数本つく

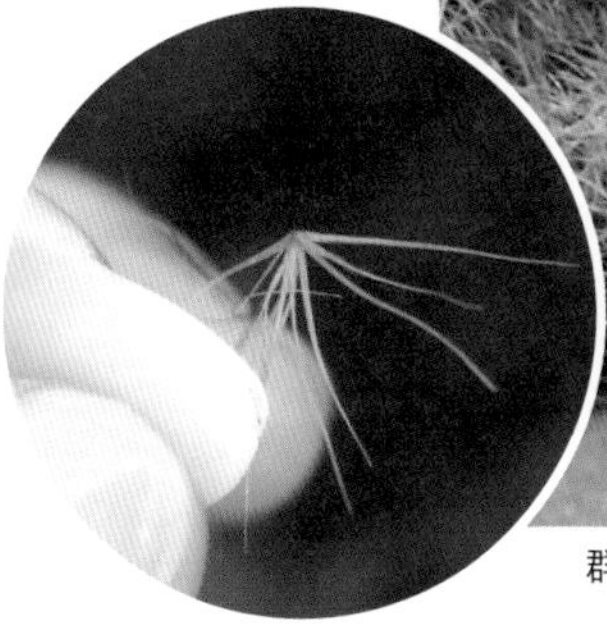

分離した茎頂部は、開いた傘のような形

群落の表面には分離した茎頂部がよく転がっている（10月 鹿児島県屋久島）

日当たりの良い場所に、見るからに柔らかそうな群落をつくる。植物体の下部は黒褐色、上部に向かうに従い浅い緑色〜明るい黄緑色になる。茎頂部（植物体の茎の先端）が分離して無性的に繁殖する。

近縁種はフデゴケ。ヤマトフデゴケは葉先から出る透明な芒が短いかほとんどないのに対して、フデゴケの透明な芒は明らかに長い。また、フデゴケの分離した茎頂部は閉じかけの傘のような形でやや硬い。

フデゴケ。植物体の黒みもより強い

生育場所：低山〜亜高山帯の日当たりの良い、やや乾いた岩上や地上
分布：北海道〜琉球／朝鮮半島、中国
形状・サイズ：茎は長さ2〜6㎝、茎下部は褐色の仮根に覆われる。葉は長さ5〜6㎜、まっすぐな針状で乾いても縮れない。中肋は葉先から突出し短く透明な芒となる

メモ：最新の研究によれば、本種を含むツリバリゴケ属はシラガゴケ科に含めることが提唱されている。

シシゴケ

[出会い率 ★★☆]

シッポゴケ科　***Brothera leana***　ブロテラ レアナ

晩秋頃から見られる
無性芽

スギの樹幹に群生。雌雄異株で胞子体はめったにつけない(10月 東京都)

針葉樹（とくにスギ）の根元や朽木に生える。大きな群落をつくることもあれば、ホソバオキナゴケ（P55）などと混生しながら、まばらな群落をつくることもある。ホソバオキナゴケと雰囲気は似ているが、より小型で、葉は薄くて基部から先端まで針状に細いのが特徴となる。

雨上がりのあとなど、ほどよく潤っている時はビロードの絨毯のような光沢があって美しいが、乾燥時は白みを帯びてカサカサになり、一気にみすぼらしくなる。

茎頂部にできるチアリーダーが使うポンポンのような玉房状のものは無性芽の塊で、晩秋頃からよく見られる。

生育場所：低地～山地。神社の境内などにも。針葉樹（とくにスギ）の樹幹や根元、朽木の樹幹

分布：北海道～九州／東アジア、北米東部、アフリカ

形状・サイズ：茎の長さは5～10㎜と小型。葉は針状で長さ1.5～3㎜、茎に対して放射状に密につく。時季になると、茎頂部に多数の細長い無性芽が密集してつき、玉房状となる

メモ：正確な名前の由来は不明だが、やはり無性芽の塊が獅子のたてがみに見えるからだろう。

［出会い率 ★★★］

チヂミバコブゴケ

シッポゴケ科　*Oncophorus crispifolius*　オンコフォラス クリースピフォリウス

樹幹の根元に群生。雌雄同株で胞子体をよくつける（5月 兵庫県）

岩上で見られる小型のコケ。透明感のない濃い緑色〜明るい緑色をしている。乾燥すると線状の細い葉がくるくると巻いて縮れ、蒴のつけ根にはこぶ状の突起があることが和名の由来。こぶはルーペで見ればすぐに確認できるので、小型ながらフィールドでも同定しやすい。

また、蒴の蓋が取れると赤褐色の蒴歯が目立つので、慣れれば遠目でもそれとわかる。

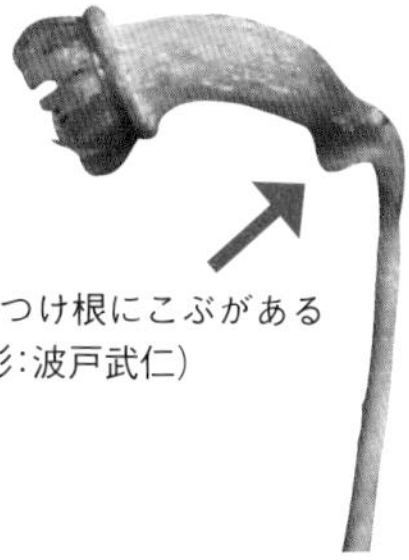

蒴のつけ根にこぶがある
（撮影：波戸武仁）

生育場所：半日陰〜日当たりの良い林の岩上や地上。滝や川のそばの岩上、ほどよく湿度が保たれた庭園の岩上など。稀に樹幹にも
分布：本州〜九州／朝鮮半島、中国、極東ロシア
形状・サイズ：茎は長さ3㎝以下。葉は長さ3〜4㎜で線のように細く、乾燥すると強く縮れて、くるくると巻く。蒴の基部にこぶ状の突起がある。蒴歯は赤褐色で、先端が2裂する

メモ：最新の研究によれば、本種はヤスジゴケ科のアナシッポゴケ属に分類される。

シッポゴケ

［出会い率 ★★★］

シッポゴケ科　***Dicranum japonicum***　ディクラヌム ヤポニクム

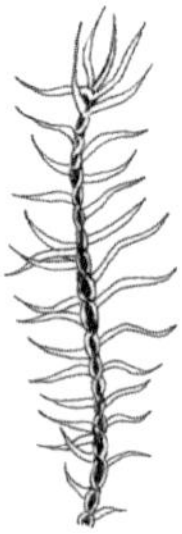

葉は乾くと茎にほぼ直角につき、向きはバラバラ

仮根は白色で茎に密生する

土が積もった石垣に生育。湿り気があれば地上以外でも育つことも（3月 京都府）

大型で黄緑色の丸い群落はよく目立ち、見つけやすい。近縁種で本種と同じような場所に生えるオオシッポゴケとカモジゴケとは仮根の色と葉のつき方で見分けが可能。

生育場所：低山地の半日陰の腐植質な地上
分布：北海道～九州／朝鮮半島、中国
形状・サイズ：茎は長さ10㎝に達し、白い仮根が密につく。葉は長さ7～11㎜で針状に細く、茎がはっきり見えるほどまばらにつく

カモジゴケ

茎は長さ2～10㎝。葉は長さ7～10㎜で茎に密生、針状に細く、乾くと同じ方向で鎌状に曲がる。仮根は褐色。

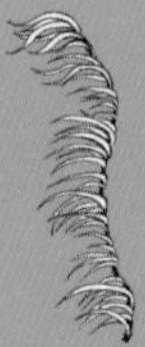

オオシッポゴケ

茎は長さ5㎝までと、名前に「大（オオ）」がつくのに他の2種より小型。葉は先まで一定の幅がある。仮根は褐色。

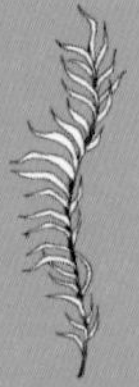

メモ：学名に「japonicum」とついているコケは、その種が最初に発見されたのが日本であることを示している。

[出会い率 ★★★]

ホソバオキナゴケ

シラガゴケ科　*Leucobryum juniperoideum*　レウコブリウム ユーニペロイデウム

植物体(上)と葉(下)。葉はわりと厚みがあり、白っぽい光沢がある

スギの根元に群生。蒴柄は赤褐色、蓋は長い嘴形となる。雌雄異株(12月 兵庫県)

シラガゴケ科のコケは乾燥に強く、葉が白緑色でメタリックな光沢があるのが共通の特徴となる。

なかでも本種は盆栽や苔庭によく使われることから、一般に広く知られる。通称は「山苔」または「饅頭苔」。野生ではスギの根元に群生する姿がよく見られる。

乾燥時も葉は縮れず茎に接しないので、湿った時と形状の差はあまりない。しかし、色みは乾燥するほど白さがきわだつ。葉は「細葉」という名前に反して、大ぶりでずんぐりと太め。茎から簡単に外れ、それらは裸地に落ちるとそこからまた新たな植物体に生長する。

近縁種にアラハシラガゴケ(P56)がある。

生育場所：山地の針葉樹の根元、腐植土上、岩上。盆栽や苔庭などにも。酸性度の高い場所を好み、石灰岩地などアルカリ性の強い場所は嫌う
分布：北海道～琉球、小笠原／ユーラシア
形状・サイズ：茎は直立し、高さ2～3㎝。葉は長さ3～4㎜、基部から半分くらいまでは太めで、途中から頂部に向かって急に先細る。群落は饅頭状が多いが、平たく広がる場合もある

メモ：ホソバオキナゴケやアラハシラガゴケの雄株はしばしば雌株の数百分の1サイズの矮雄となる。

アラハシラガゴケ

［出会い率 ★★★］

シラガゴケ科　*Leucobryum bowringii*　レウコブリウム ボウリンギイ

植物体（左）と葉（右）。葉は全体的に細く針状。やや光沢がある

葉先は細く尖って、あちこちに向く

群落は饅頭状か平たく広がる。胞子体は稀（8月 鹿児島県屋久島）

全国に広く自生するホソバオキナゴケ（P55）と酷似するが、本種の分布の中心は西日本にある。さらにホソバオキナゴケの葉先はどの葉もおおむね同じ向きだが、本種の葉先は針のように細く屈曲するのも特徴。

なお、本種やホソバオキナゴケと雰囲気が似ていて、同じくスギの樹幹を好むコケにカタシロゴケ（蘚類カタシロゴケ科）がある。葉は濃い緑色で、乾燥時は葉がゆるく巻く、葉先によく白い無性芽をつけるなどの特徴から区別がつけられる。

カタシロゴケ。葉先に白い無性芽をつけている

生育場所：ホソバオキナゴケと同じ
分布：本州～琉球。ただしほとんどが西日本に分布／アジアの熱帯～亜熱帯
形状・サイズ：茎は直立し、高さ2～3㎝。葉は長さ10㎜前後で、基部から先へとなめらかに細くなり、先端で屈曲する

メモ：屋久島で見られるのはアラハシラガゴケの方が圧倒的に多い。しかもなぜか非常に大型で、本州産とのサイズの違いに驚かされる。

［出会い率 ★★☆］

オオシラガゴケ

シラガゴケ科　*Leucobryum scabrum*　レウコブリウム スカブルム

茎が伸びてくると生育基物から垂れ下がる。胞子体はほとんどつけない(8月 奈良県)

暖かい地方に多く、主に渓谷の斜面から垂れ下がるようにして生育する。大きな群落はつくらずまばらに生えるが、植物体そのものが大きいのでとても見つけやすい。

ルーペで観察する時は葉先の表面（背面）に注目してみよう。注意深く見てみると、大きなとげ状の突起があり、ザラザラしているのがわかる。この突起が光の散乱を生むことで、ホソバオキナゴケ（P55）やアラハシラガゴケよりも光沢がなく、色みもさらにくすんだ白緑色に見える。

葉先に突起がある

生育場所：山地のやや日陰の土上や岩上、木の根元。斜面に多い
分布：本州～琉球。暖かい地方に多い／中国、アジアの熱帯
形状とサイズ：コケの中でも大型で、茎は長さ5㎝以上。葉は厚みがあり長さ約10㎜に達し、針状で葉先に突起がある。中肋はない

メモ：密な群落をつくらないため園芸には不向きで、利用されることは少ない。

ネジクチゴケ

［出会い率 ★★★］

センボンゴケ科　*Barbula unguiculata*　バルブラ ウングイクラータ

胞子体は秋頃から伸びる。春真っ盛りの頃はすでに胞子をほとんど散布し終えている（4月 大阪府）

センボンゴケ科に属するコケは日本に約80種もあり、幅広い環境に生育するが、低地で身近に見られるものは本種をはじめ、背が低く小型のものが多い。

黄緑色の葉は、開いた時は小さな星のように見えてかわいらしい。しかし乾燥して閉じてしまうと、景色に溶け込んだかのように一気に存在感が薄れ、視界に入っているのに気付かないことも。

秋に群落からいっせいに赤褐色の蒴柄が伸び始めると、その場所の色が変わるほどに目立つので見つけやすい。雌雄異株。

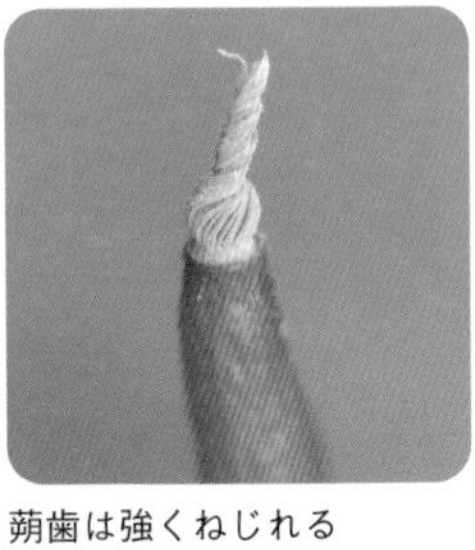

蒴歯は強くねじれる
（撮影：左木山祝一）

生育場所：低地～山地の日当たりの良い土上、公園の裸地や植え込み、コンクリート上など
分布：北海道～九州／世界各地
形状・サイズ：茎の長さは1～3㎝。葉の長さは1～2㎜ほど、乾くと強く縮れる。蒴柄は赤褐色。蒴は円筒形で、蒴歯は螺旋状にねじれる

メモ：植物体だけでは区別が難しいコケ。蒴の蓋が取れ、蒴歯のねじれが見られる春頃の観察がおすすめ。

[出会い率 ★★☆]

チュウゴクネジクチゴケ

センボンゴケ科　*Didymodon icmadophilus*　ディディモドン イクマドフィルス

コンクリートの上でよく見られる。湿った状態だとこのように鮮やかな緑色になる（4月 国内）

日当たりの良いコンクリート面でよく見られるコケ。市街地や郊外のコンクリート壁や地面のほか、山地の土上や岩上にも生える。石灰岩地域にもよく生育。平たい饅頭形の群落になることが多い。

垂直面をとくに好み、同じような環境を好むハマキゴケ（P60）と混生する姿がよく見られる。両種とも「コンクリート壁の代表種」と言えよう。

植物体は暗緑色～鮮やかな緑色。乾燥すると二等辺三角形の葉が茎にゆるく接着して黒っぽい緑色になり、水をかけると素早く葉が展開してまた緑色が戻る。

本州の中でも主に東北以南で見られる。雌雄異株。

生育場所：低地～山地の日当たりの良い土上、岩上、コンクリート上。とくに石灰岩地
分布：本州～九州／中国、ヒマラヤ
形状・サイズ：茎は長さ4㎝以下。葉は放射状につき、長い二等辺三角で、先が尖る。中肋は葉先からわずかに突出する。無性芽は褐色で球形～長卵形、仮根か葉腋《ようえき》の毛につく

メモ：コンクリート壁の代表種といえば、シナチヂレゴケやチヂレゴケもある。いずれも小さな塊状の群落をつくり、乾燥すると葉が前者は内曲し、後者は巻縮する。

ハマキゴケ

［出会い率 ★★★］

センボンゴケ科　***Hyophila propagulifera***　フィオフィラ プロパグリフェラ

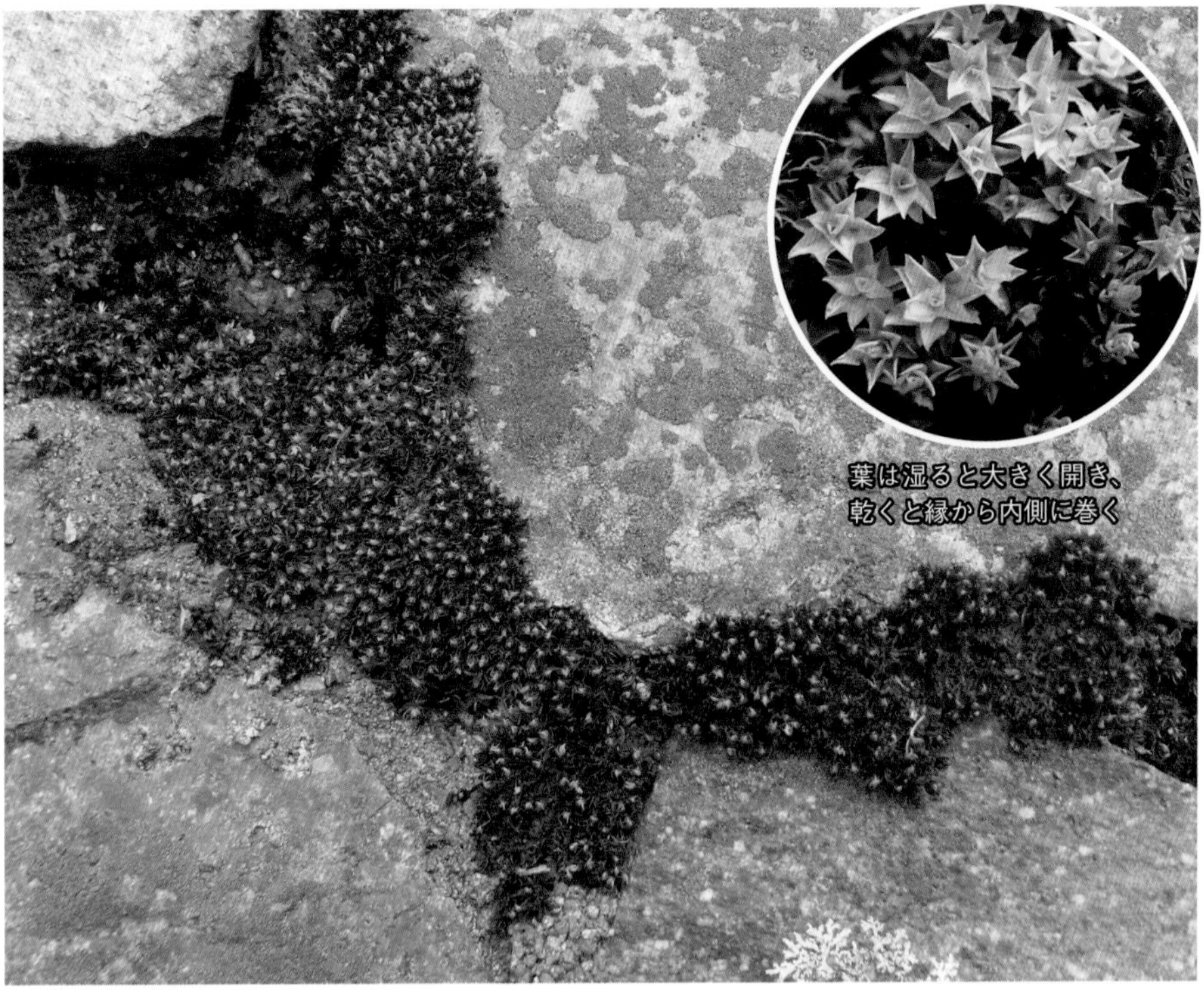
葉は湿ると大きく開き、
乾くと縁から内側に巻く

葉は緑褐色～黄緑色だが、乾燥して葉の両縁が内側に巻いて閉じると茶褐色に見える（4月 兵庫県）

強い陽射しや乾燥にとても強く、都市部で最も普通に見られる。民家のブロック塀や道路沿いのコンクリート壁、側溝などに茶色く枯れたような群落を見つけたら、たいがいこのコケである。

雌雄異株で、胞子体はあまりつけず、たまに見かける程度。主に栄養繁殖で群落を広げる。湿って葉が開いた植物体をルーペで観察すると、葉のつけ根に粒状（ラッキョウ形）の無性芽があるのがわかる。

近縁種に本種と非常によく似たカタハマキゴケがある。関東以西に分布し、とくに九州地方ではこちらの方がハマキゴケよりも普通に見られる。

生育場所：低地～山地の日当たりの強い石垣、転石、コンクリートの地面や壁など
分布：本州～琉球／東アジア
形状・サイズ：茎の長さは約1cm以下。葉は長さ1.5～2mm、茎に放射状につき植物体の上部に密集、乾くと巻き、湿ると瞬時に開く。中肋は葉の頂部に届く。葉の縁に歯はない。蒴柄の長さは3～8mm。蒴は円筒形で、蒴歯はない

メモ：カタハマキゴケは葉先にまばらな鋸歯があり、無性芽はコンペイトウに似たとげがある。

[出会い率 ★★★]

ホンモンジゴケ

センボンゴケ科　*Scopelophila cataractae*　スコペロフィラ カタラクタエ

神社の境内に群生。黄緑色の群落は同じく銅ゴケでヘチマゴケの仲間（6月 神奈川県）

葉は濃い緑色。群落は密で厚みがあり、手で押すとふかふかとしてとても手触りが良い

重金属の濃度が高い環境は植物には有毒だが、本種は高濃度の銅イオンを含む雨水が流れるような場所ばかりに生え、体内に銅を蓄積するという変わり者。通称「銅ゴケ」。和名は1910年に日本で最初に発見されたのが池上本門寺（東京都）だったことに由来する。

　生育場所が限定的なので、見つけるのは意外と簡単。社寺などの銅ぶき屋根の下に行くと、たいてい濃い緑色のマットをつくっている。

　なお、近縁種に鉄イオンに耐性があるイワマセンボンゴケがある。

鉱山の岸壁に生えるイワマセンボンゴケ（撮影：秋山弘之）

生育場所：社寺仏閣の銅ぶき屋根の下、その周辺の土上や岩上、銅像付近、銅山近くなど

分布：東北～九州／東南アジア、インド、ヒマラヤ、北米、南米

形状・サイズ：茎の長さは5～15㎜、枝分かれはほぼない。胞子体はほぼつけない

メモ：銅ゴケのような変わり者はシダ植物にもいて、ヘビノネゴザが有名。ホンモンジゴケの隣によく生える。

ヘラハネジレゴケ

［出会い率 ★★★］

センボンゴケ科　*Tortula muralis*　トルツラ ムーラーリス

葉は乾燥時に巻縮する

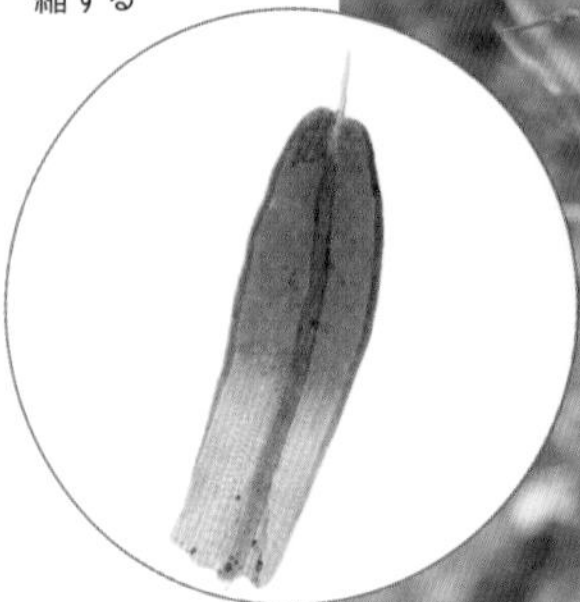

葉はヘラに似た形で、毛状の透明尖がある

電車の線路脇の石垣にて。こぢんまりとした群落をよくつくる（4月 兵庫県）

日当たりの良い石垣やコンクリート塀などでよく見られる。都市部に多く、ハマキゴケ（P60）やギンゴケ（P79）などの群落と隣接して生えることもある。

植物体は暗緑色～黄緑色。ただし、乾燥して葉が巻いてしまうと葉の緑色はよく見えず、葉先から突出した毛状の透明尖が群落を覆い、全体が白っぽく見える。遠目から見ると、まるでコケに動物の毛やホコリがからまっているかのようで、やや汚く感じるが、ユニークな葉の形状はぜひルーペで見ておきたい。

なお、関西地方では普通に見られるが、なぜか関東地方には少ない。雌雄同株で胞子体をよくつける。

生育場所：市街地の日当たりの良い石垣、コンクリート塀など
分布：本州～九州／世界
形状・サイズ：茎は長さ5㎜以下。葉は長舌形で、茎の上部に集まり、乾燥すると巻縮する。中肋は葉先から長く飛び出し透明尖となる。蒴は円筒形。無性芽はない

メモ：同属にコモチネジレゴケがある。葉は同じくヘラ形で長い透明尖を持つが、樹幹に生え、茎頂部にたくさんの無性芽をつける。帰化植物で胞子体は未知。

[出会い率 ★★★]

ツチノウエノコゴケ

センボンゴケ科　*Weissia controversa*　ウェィシア コントローウェルサ

日当たりの良い民家の花壇にて。雌雄同株で、胞子体をよくつける（1月 静岡県）

その名の通り、土の上に生える小さなコケ。植物体は密に集まり、黄緑色の饅頭状の群落をつくる。その姿は裸地ではパッと目を引くが、個々の植物体は茎の長さがたった5㎜程度とかなり小型のため、フィールドでの同定は難しい。

近縁種はキシュウツボゴケ。茎の長さは約1.5㎝と大きく、蒴柄は0.1㎜以下で、蒴に蓋がなく、蒴が葉の間にやや埋もれているのが本種との主な違いとなる。

キシュウツボゴケ。乾燥した群落

生育場所：半日陰～日当たりの良い低地の土上や岩上、民家や公園の石垣、裸地、花壇など
分布：北海道～琉球／世界各地
形状・サイズ：茎の長さは5㎜前後、ほぼ枝分かれしない。葉は長さ2～3㎜、乾燥時には強く縮れて葉先はフックのような形に曲がるのが特徴。蒴柄は長さ6～8㎜ほどで黄緑色。蒴は卵形～円筒形

　メモ：キシュウツボゴケは以前は「ツチノウエノコゴケ」の和名で知られていた種である。

ケギボウシゴケ

［出会い率 ★★★］

ギボウシゴケ科　*Grimmia pilifera*　グリミア ピリフェラ

葉の先端は透明尖となる
（撮影：左木山祝一）

撮影：秋山弘之

乾燥した群落。水をかけると瞬時に葉が開き、表情が大きく変わる（12月 兵庫県）

日当たりの良い岩上や石垣に黒緑色の塊となって生える。蒴をつけていると赤い蒴歯がよく目立ち、まるで岩肌に咲いた花のようでかわいらしい。葉先に長い透明尖があり、蒴は雌苞葉《しほうよう》に埋もれるのが特徴である。雌雄異株。

形状がよく似た近縁種が複数あり、混生することもあって見極めは難しい。たとえばホソバギボウシゴケは、葉先に透明尖がないか、あってもわずかであること、蓋の離脱と同時に蒴の壺の中にある軸柱も一緒に取れるなどの違いがある。

生育場所：低地〜亜高山帯の開けた日当たりの良い岩上、転石上、石垣上など。都市のブロック塀などでは見られない

分布：北海道〜九州／朝鮮半島、中国、北米東部

形状・サイズ：茎は長さ2㎝まで。葉は長さ2.5〜4.5㎜、乾くと縮れず茎に接する。また葉の先端は透明尖となり、乾燥時は白い毛のように見える。蒴柄が極端に短く、蒴は雌苞葉に埋もれる。蒴歯は赤い。また蓋が取れる際、蒴の壺の中に軸柱が残る

メモ：「ギボウシ」の名は、橋や社寺の欄干の柱の頂部に飾られた擬宝珠《ぎぼし》に蒴の形が似ていることに由来する。

[出会い率 ★★★]

シモフリゴケ

ギボウシゴケ科　*Racomitrium lanuginosum*　ラコミトリウム ラーヌーギノースム

乾燥時の群落は霜が降ったように白っぽく見える（3月 鹿児島県屋久島）

亜高山帯～高山帯の開けた日当たりの良い土上や岩上などで見られる高山性のコケ。ギボウシゴケ科の中では中型～大型。亜高山帯以上の山の頂を目指す登山者は出会う確率が高い。

葉先から伸びる透明尖は非常に長く、まるでモヘアニットのよう。乾燥時に葉が茎に接着すると、同時にこの透明尖が植物体の表面に絡みつく。そうすることで高山の強い陽射しから身を守っている。

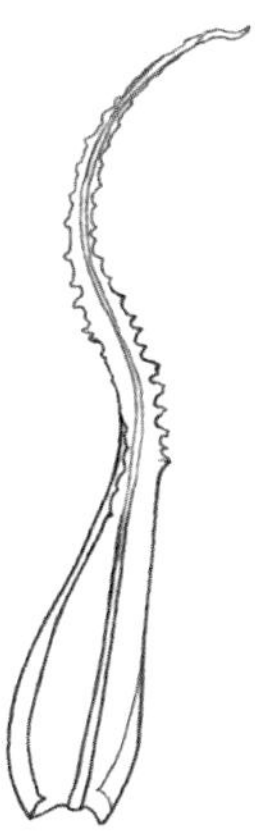

葉先と透明尖の縁に鋭いとげ状の歯がある

生育場所：亜高山帯～高山帯の日当たりの良い土上、腐植土上、岩上、溶岩上。やや日陰にも

分布：北海道～九州／世界の温帯～寒帯

形状・サイズ：茎は長さ3～5㎝、さらに長いことも。葉は長さ約3.5㎜、葉先は細長く尖り透明で、縁に鋸歯がある。植物体は暗緑色～黒緑色だが、乾くと葉先の透明尖により灰緑色に見える

メモ：雌雄異株で、厳しい環境で生育しているためか胞子体をつけることは稀。見つけたらラッキー。

エゾスナゴケ

［出会い率 ★★★］

ギボウシゴケ科　***Racomitrium japonicum***　ラコミトリウム ヤポニクム

雌雄異株で胞子体は秋頃から伸びる。帽はとんがりが長く、小人の帽子のよう（12月 静岡県）

淡い緑色～黄緑色。湿ると瞬時に葉が開いて美しい星形に見えることから人気のコケ。長期間の乾燥にも強く、最近は園芸や屋上緑化などによく利用される。

近縁種はコバノスナゴケ。見た目はそっくりだが、エゾスナゴケがほぼ分枝しないのに対し、短い枝をたくさん出す。

エゾスナゴケ

コバノスナゴケ

生育場所：低地～亜高山帯の日当たりの良い砂質土上や岩上。芝生の隙間、駐車場の隅、緑化対策された都市のビルの屋上・壁面にも

分布：北海道～九州／極東ロシア、朝鮮半島、中国、ベトナム

形状・サイズ：茎は長さ1～3㎝でほとんど分枝しない。葉は放射状につき、乾くと茎に螺旋状に接着。湿ると反り返って開き星形に見える。また、葉先は透明尖となる。蒴柄は長さ約2㎝、蒴は楕円形で、帽は長く尖る

メモ：昔は和名がスナゴケだったが、分類研究が進んだ結果、「エゾ」が頭についた。いまでも通称はスナゴケ。

［出会い率 ★★☆］

ナガエノスナゴケ

ギボウシゴケ科　*Racomitrium atroviride*　ラコミトリウム アートロウィリデ

岩面から垂れ下がって生え、先端が天を仰ぐように立ち上がる。雌雄異株（2月 東京都）

光沢のない緑褐色～黄緑色で、岩上や石垣上に這うか、または垂れ下がって生える。スナゴケと名の付くコケの中では大型で、茎は約10㎝に達する。やや分枝し、枝もまた長く伸びる。

湿って葉が開いた状態の時は、群落全体がふんわりとしてボリュームがあるが、乾くと葉が茎や枝にぴったりと接着して細長く見えるため、途端にきゃしゃな印象に変わる。

サイズ感の違いからエゾスナゴケやコバノスナゴケとの区別は容易である。また、色みもこれら2種に比べて透明感に欠け、とくに乾燥時は黄色みが強くなる。

生育場所：低山～亜高山帯の日当たりの良い岩上や石垣上。半日陰のやや湿り気のある場所にも見られる

分布：北海道～九州／朝鮮半島、台湾、東南アジア

形状・サイズ：茎の長さは約10㎝に達する。茎からは不規則に長い枝が出る。葉は細長く先端は尖るが、透明尖はない

メモ：日当たりの良い場所でよく見られるが、乾燥しすぎた所は苦手のよう。林縁の湿った岩上などにも群生。

ナガバチヂレゴケ

［出会い率 ★★☆］

チヂレゴケ科　*Ptychomitrium linearifolium*　プチコミトリウム リネアリフォリウム

葉は乾くとパンチパーマをあてたように絡み合いながら著しく縮れる（4月 三重県）

濃い緑色～黒っぽい緑色で、山地の岩場や河原にある大きな転石の日光がしっかり当たる面にちょぼちょぼと小さな塊となって群生する。暖かい地域に多い。蒴は若いうちは秋に食べる銀杏のような透明感のある緑色で、帽に深く包まれるが、成熟すると浅いオレンジ色になる。そして天気がよく乾燥した日には朱色の蒴歯を大きく開き、胞子を風にのせて飛ばす。雌雄同株。

近縁種はハチヂレゴケ。よく似ていて初心者がルーペで見分けるのは難しいが、本種よりも蒴柄が短く（長さ3㎜まで）、葉先に丸みがあり、同じ岩に着生した場合でも水の流れにより近い場所を好む。

生育場所：山地の日当たりの良い岩上や河原の転石など。岩でも地面に近い所には生えない

分布：本州～九州／朝鮮半島、中国

形状・サイズ：茎は高さ2～4㎝。葉は長さ4～6㎜で針状、上部の縁に鋸歯があるが、透明尖はない。乾くと著しく縮れ、湿るとやや反り返るように開く。蒴柄は長さ3～7㎜。帽は深くて先が尖る。蒴は円筒形、蒴歯は朱色

メモ：他にも見た目が似た近縁種にシナチヂレゴケ。日当たりの良いコンクリート壁や石灰岩上にも生育。

[出会い率 ★★★]

サヤゴケ

ヤスジゴケ科　*Glyphomitrium humillimum*　グリフォミトリウム フミリムム

蒴歯は赤褐色で目立つ（撮影：左木山祝一）

クリーム色の帽を被った、まだ蒴が若い群落。雌雄同株で胞子体はほぼ通年見られる（2月 東京都）

乾燥や大気汚染に強く、都市部の街路樹などで最も普通に見られる。植物体は直立して密に集まり、樹幹や枝に球状の小さな群落をつくる。また、平たく広がって樹幹を覆うこともある。

雌苞葉が蒴柄を包む様子が刀剣類の鞘《さや》に似ることが名前の由来。よく胞子体をつける。

若い蒴。白線部分のように蒴柄を雌苞葉が鞘状に包む

生育場所：低地の樹幹や枝。都市部によく見られる

分布：北海道〜九州／東アジア

形状・サイズ：茎は直立し、長さ5〜10㎜。葉は針状で、乾くと茎に接着。中肋は葉先に達する。蒴柄は長さ1.5〜3㎜で中部まで雌苞葉に包まれる。帽に深い切れ込みがある。蓋は先に嘴がある。蒴歯は赤褐色で開くと強く反り返る

メモ：本種とヒナノハイゴケ、コゴメゴケ、ケカガミゴケは、大気汚染に強い樹幹性アーバンモスの四天王。

ヒナノハイゴケ

［出会い率 ★★★］

ヒナノハイゴケ科　*Erpodium sinensis*　エルポディウム シネンシス

植物体は濃い緑色。匍匐性で、茎の上部だけが立ち上がって頂部に胞子体をつける（３月 東京都）

低地の樹幹で最も普通に見られ、都市部の街路樹にも普通。雌雄同株で胞子散布は主に冬に行う。蒴が成熟して帽と蓋が取れると、ルージュを引いたようなくっきりとした赤色の蒴の口と蒴歯が現れることから、「クチベニゴケ」の別名がある。

初心者は本種とサヤゴケ（Ｐ69）とを見間違えやすいが、本種は葉に中肋がなく、葉先に透明尖があること、蒴柄が極端に短いため蒴が葉に埋もれることなどの特徴から見分けがつく。

葉は卵形で葉先が透明尖となる

生育場所：低地の樹幹や岩上。都市部に普通に見られる
分布：北海道～九州／朝鮮半島、中国
形状・サイズ：茎は長さ1～2㎝、短い枝をたくさん伸ばす。葉は卵形で茎に密につき、乾くと茎に接着する。中肋はなく、葉先が透明尖。蒴は長めの卵形で葉に埋もれる。帽は先が尖る。蓋に短い嘴がある。口環と蒴歯が赤い

メモ：胞子は蒴の口からモコモコと盛り上がるように出る。その様子は抹茶ソフトクリームのようで面白い。

[出会い率 ★★★]

アゼゴケ

ヒョウタンゴケ科　***Physcomitrium sphaericum***　フィスコミトリウム スファエリクム

都市近郊の公園にて。裸地に小さな塊となって生えていた（1月 大阪府）

植物体はとても小さくて目立たないが、半球形の蒴が成熟し、赤く色づいてくると、思わず目を留めてしまうかわいらしい雰囲気のコケ。胞子体は春と秋～冬の年2回出る。蒴は半球形で口が大きく、蒴が成熟して蓋が取れると、蒴歯がないため杯状に見える。和名は水田の畔《あぜ》に多いことに由来。雌雄同株。

近縁種にコツリガネゴケとヒロクチゴケがある。アゼゴケと混生していることもよくあるが、2種とも蒴柄が4㎜以上あり、蒴の直径が大きい。また、春のみ胞子体をつけるのも大きな特徴である。

生育場所：畑や田んぼのあぜ、または花壇などの明るく開けた低地の粘土質の土上

分布：本州～琉球／ロシア東部、朝鮮半島、中国、インド、欧州

形状・サイズ：茎の長さは約5㎜。葉は黄緑色で透明感があり、長さは3㎜以下、上部に細かい鋸歯がある。蒴柄は長さ2～3㎜と短く、蒴は半球形で直径0.9㎜以下。帽は先端が嘴のように尖る。蒴歯はない

メモ：コツリガネゴケとヒロクチゴケは、これまで蒴柄の長さや胞子表面の模様の違いで別種とされてきたが、識別は難しいことが多い。

ヒョウタンゴケ

[出会い率 ★★★]

ヒョウタンゴケ科　*Funaria hygrometrica*　フーナーリア ヒグロメトリカ

牧場そばの建物の一角に生えているところ。新旧の蒴が入り混じる（5月 兵庫県）

たき火跡など土壌が焼けたあとの荒れ地に出現し、周囲に草木が生えるまでのわずかな間に生長・繁殖して、短い間に一生を終える1年生のコケ。アンモニアが多い人家の庭や畑などでもよく見られる。また、花屋さんで鉢モノを買うと、しばしばこのコケが生えていることがあり、トクした気分になることも。

蒴は若い時には緑色、成熟してくると黄色～オレンジ色、枯れてくるとレンガ色になる。そのポップな色合いを見れば、ひと目でこのコケとわかる。蒴が成熟するのは主に5～7月頃だが、それ以外の時季でも見られる。雌雄同株。

生育場所：明るく湿った裸地。火災跡やたき火跡、庭や公園の植え込み、鉢植えの中など
分布：北海道～九州／世界各地
形状・サイズ：植物体はとても小さく、茎の長さは1㎝以下。葉は黄緑色で茎の頂部に密集する。蒴の形が和名の由来になっているが、ヒョウタンというよりは洋梨形。蒴柄から垂れ下がり、乾くと縦じわができる。蒴歯は2列で、外蒴歯はカメラの絞りのような形である

メモ：近年、体内に金や鉛を蓄積する性質があることが判明。将来、重金属を含む産業廃液の浄化に欠かせない主役となるかも!?

[出会い率 ★☆☆]

マルダイゴケ

オオツボゴケ科　*Tetraplodon mnioides*　テートラプロドン ムニオイデス

ユリミゴケ

蒴柄が他の3種より短い。腐植質にも生える

ヒメハナガサゴケ

蒴の頸部が傘状に広がる

オオツボゴケ

蒴の首が壺形になる

(ユリミゴケ、ヒメハナガサゴケ、オオツボゴケの撮影:島立正広)

マルダイゴケ。動物の糞上に生育(7月 長野県北八ヶ岳)

動物の糞や死骸などの上に生え、蒴の頸部から糞のような臭気を発してハエをおびき寄せ、胞子散布をハエに行わせるという珍種。国内にはマルダイゴケをはじめ左の3種を含めた4種が分布する。いずれも「糞苔《ふんごけ》」と呼ばれ、コケとしては大型である。

生育場所：高山帯〜亜高山帯の動物の糞や死骸
分布：北海道、本州／北半球の寒冷地
形状・サイズ：茎は長さ3〜4㎝。葉は柔らかく、卵形。蒴柄は長さ1〜3㎝。蒴は首（頸部）が膨れ、褐色亜〜黒褐色。雌雄同株

メモ：長野県北八ヶ岳では4種とも分布が確認されている。いずれも蒴は初夏〜晩夏にかけて成熟する。

ヒカリゴケ

[出会い率 ★★★]

ヒカリゴケ科　*Schistostega pennata*　スキストステガ ペンナータ

撮影:左木山祝一

たくさんの光の点が原糸体。配偶体は小型で淡い緑色。胞子体は稀。雌雄同株(7月 長野県北八ヶ岳)

洞穴や岩の隙間など、薄暗い湿った土上に群生。原糸体の所々にレンズ状の細胞が集まった部分があり、そこに光が当たると反射して光って見える。こうして薄暗い場所で生長に必要な光を効率よく集めている。配偶体も存在するが、光を反射する性質はない。世間に広く名の知られたコケながら、非常にデリケートな性格で、少しでも環境が変わると簡単に消えてしまう。

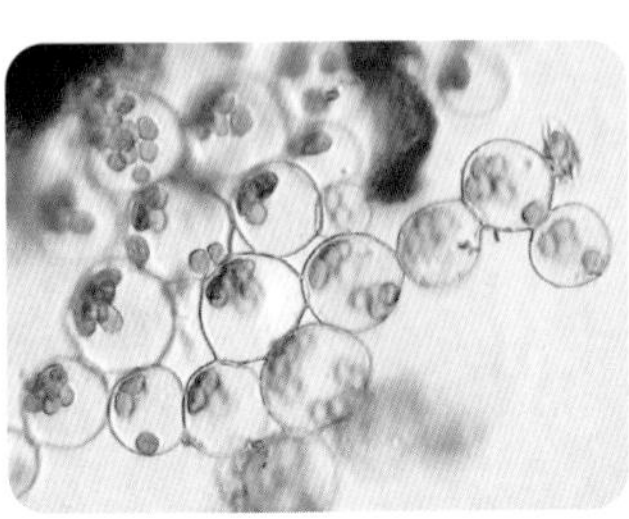

原糸体のレンズ状細胞。緑色の粒は葉緑体(撮影:左木山祝一)

生育場所:山地~亜高山帯の岩の隙間、洞穴、木の根元の穴の中などの土上。薄暗くて涼しく湿っているなど条件が合えば、稀に低地にも

分布:北海道、中部地方以北/北半球

形状・サイズ:原糸体は光を反射して黄緑色に光って見える。配偶体は小型で直立。茎は7~8㎜で分枝しない。葉は薄く、茎に接する基部の部分が上下の葉で繫がっている。中肋はない

メモ:普通は山中で見られるが、光前寺(長野県)の参道の石垣や、皇居の石垣など珍しい生育スポットもある。

[出会い率 ★★☆]

ナシゴケ

ヌマチゴケ科　*Leptobryum pyriforme*　レプトブリウム ピリフォールメ

蒴の首（蒴柄と蒴の膨らみとの境の部分。頸部）が長いのが特徴。植物園の温室にて（９月 京都府）

全世界に広く分布し、主に低地の人家付近で見られる普通種。しかし、胞子体が出ていないと気づかないことが多い。

胞子体の色や形、群落の雰囲気からヒョウタンゴケ（P76）と間違えやすいが、本種は蒴の首（頸部）が長いのが特徴。成熟した蒴がついていれば区別は容易である。

また、よく似たハリガネゴケ科のコケには見られない針のような線形の葉が茎の上部に集中してつくことも大きな特徴で、本種を見分ける時のポイントとなる。

生育場所：低地～亜高山帯の日当たりの良い土上や腐木上、人家の庭、鉢植え、植物園の温室、道路脇、畑などの土上にも

分布：北海道～九州／世界

形状・サイズ：茎は長さ5～10㎜。茎の上方に針のように細長い葉が集中してつき、下部の葉は小さい。中肋は太く、葉の上部で葉幅の大半、下部でも1/2を占める。蒴は洋梨形で光沢がある。成熟するほど首が長くなり、緑色から黄色～赤褐色へと色が変化し、蒴柄から垂れ下がる。雌雄同株または異株

メモ：本種と同じナシゴケ属のコケが南極の湖沼の中に円柱状の群落をつくり、群落内で藻類やバクテリアと共生しながら「コケボウズ」を形成している。ただし日本には分布していない種である。

キヘチマゴケ

[出会い率 ★★★]

ホソバゴケ科　***Pohlia annotina***　ポーリア アンノーティナ

茎の先端につく毛糸のボンボンのようなものは無性芽の塊（11月 三重県）

植物体は明るい黄緑色で、ゆるく集まって群生する。日当たりが良くやや湿っている基物を好む。葉は乾燥時には茎に接し、あまり縮れない。茎の上部～先端の葉のつけ根に、ねじれた糸くず状の無性芽をたくさんつけるのが特徴。

ただし、同じような無性芽をつけ、生育場所や分布もよく似たケヘチマゴケとの区別は難しい。

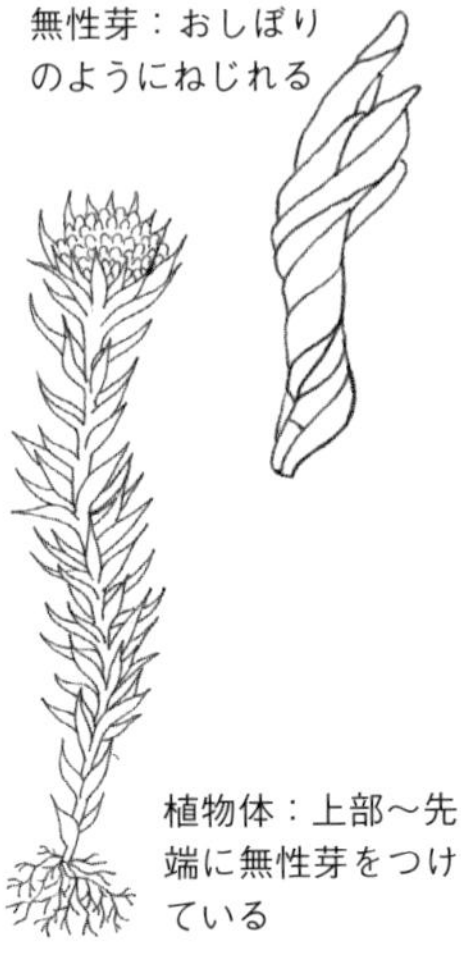
無性芽：おしぼりのようにねじれる
植物体：上部～先端に無性芽をつけている

生育場所：主に低地の日当たりの良いやや湿った岩上や土上
分布：本州～琉球／アジア、アメリカの温帯～熱帯
形状・サイズ：茎は長さ1～2㎝。葉は長さ1.5～2.5㎜で針状。葉腋（葉のつけ根のすぐ上）に無性芽をよくつける。蒴柄は長く3～6㎝で赤みを帯びる。蒴は洋梨形

［出会い率 ★★★］

ホソウリゴケ

ハリガネゴケ科　*Brachymenium exile (Gemmabryum exile)*　ブラキメニウム エクシレ（ゲンマブリウム エクシーレ）

ギンゴケと同じように饅頭状の密な群落をつくる。東日本にとくに多い（４月 秋田県）

都市部でよく見られ、ギンゴケ（P79）、ハリガネゴケ（P78）、ハマキゴケ（P60）らと常に陣取り合戦を繰り広げている。

乾燥時に葉が縮れず茎に接して鱗状につき、白い光沢が出ることから、ギンゴケと間違えやすい。しかし、植物体を1本手に取って見ると、ギンゴケよりも小さく細身で弱々しい印象。また、葉に透明細胞はなく、全体が緑色である。

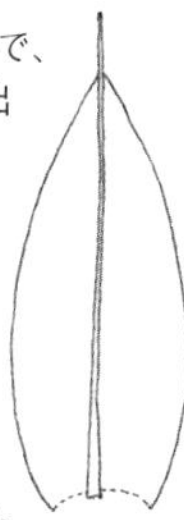

葉：細身の卵形で、中肋は短く突出

植物体：乾燥時は葉が縮れず茎に接する

生育場所：地上や岩上、コンクリート上、石畳の隙間など。都市部で普通に見られる

分布：北海道～琉球、小笠原／東アジア、東南アジア、ハワイ

形状・サイズ：茎は長さ5㎜以下。葉は0.6～1㎜。生育環境で黄緑色～やや汚れた暗緑色に変化。蒴は直立して垂れ下がらない

メモ：胞子体は稀で、葉腋に卵形の無性芽をよくつける。こういうところもギンゴケとそっくり。

ハリガネゴケ

［出会い率 ★★★］

ハリガネゴケ科　***Rosulabryum capillare (Bryum capillare)***　ロスラブリウム カピラーレ（ブリウム カピラーレ）

植物体：湿潤時

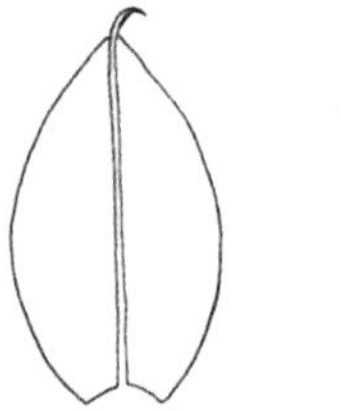

葉：幅が広く、中肋は葉先から長く突出

蒴が未熟なもの、大きく膨らんで帽が取れたもの、枯れて茶色い去年のものとさまざまな段階のものが一堂に会する（3月 静岡県）

全国で普通に見られる。葉は濃い緑色～明るい緑色。饅頭状の群落になるか、もしくは平たく広がって群生する。雌雄異株。

短い茎の上部に透明感のある柔らかそうな緑色の葉が集まり、茎下部は茶褐色の葉がまばらにつく。湿潤時は茎上部の葉は開きかけの傘のような形（おちょこ状）に開く。乾燥時は葉が螺旋状に強くねじれて閉じ、様子がすっかり変わってしまう。

乾燥時、葉は螺旋状にねじれ、葉から突出した中肋は白く見える
（撮影：左木山祝一）

生育場所：岩上、コンクリート上や隙間、木の根元、植木鉢の中、屋根の上など、都市部
分布：北海道～琉球／世界各地
形状・サイズ：茎は長さ2～2.5㎝、葉は長さ1.5～2.5㎜、茎の基部には赤褐色の仮根がつく。乾燥時はよくねじれる。中肋は葉先から長く突出、赤みを帯びることもある。蒴柄は長いもので約4㎝前後。蒴は大きく、垂れ下がる

メモ：コンクリートの隙間に生えるアーバンモスの中で胞子体を最もよくつける。胞子体が伸びる季節は春。

[出会い率 ★★★]

ギンゴケ

ハリガネゴケ科 **Bryum argenteum** ブリウム アルゲンテウム

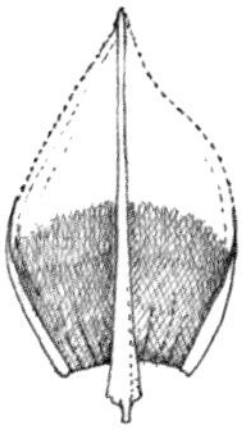

葉:葉先は透明で尖る

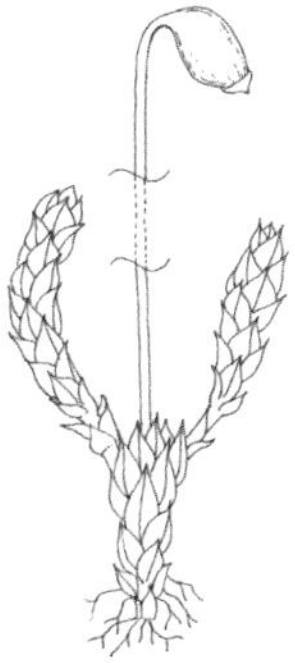

植物体:葉は常に茎に接し鱗状に重なる

植物体がある程度密集して、こんもりと丸い塊になることが多い(7月 静岡県)

全国の道端で最もよく見られる普通種である。コケの中でもとりわけ生命力が強く、富士山の頂上や南極などにも生育する。

葉の上半分に葉緑体がなく透明で、乾燥すると和名の通り銀緑色に見える。肉眼で見分けられるコケの代表格である。

雌雄異株で胞子体が見られることは稀。一方、無性芽は秋～春にかけて多くの植物体で見られる。

葉のつけ根にできる無性芽は黄緑色の球形。ルーペで確認できる

生育場所:低地～高地の岩上、地上やコンクリート上、石垣の壁面、屋根の上、都市部

分布:北海道～琉球/世界各地

形状・サイズ:茎は長さ5～10㎜。葉は長さ0.5～1㎜、鱗のように密に重なり、湿潤時も乾燥時も茎に接する。湿度のある場所では緑が濃く、日当たりの強い場所では緑色が消え、ほぼ銀白色になることも。蒴は卵形で垂れ下がる

メモ:似ている種にヒメギンゴケモドキ。ギンゴケより細めで、葉の上半分も透明ではない。無性芽は褐色。

オオカサゴケ

[出会い率 ★★☆]

ハリガネゴケ科　***Rhodobryum giganteum***　ロドブリウム ギガンテウム

雨が降ると傘のように葉を開く。乾燥時は傘を閉じたように葉が集まって縮れる（12月 兵庫県）

コケの中でも大型で、まるで緑色の花が咲いているような美しさと存在感がある。茎の下部が地中に埋もれて這う地下茎《ちかけい》となることが特徴で、地中から真上に直立茎《ちょくりつけい》を伸ばして葉を開く。一つの群落にあるものは、じつは同じ地下茎で繋がっていることが多い。雌雄異株。

近縁種はカサゴケモドキ。本種とよく似るが、より小型。環境省の絶滅危惧Ⅱ類に指定され、めったにお目にかかれない。

地下茎は通常は土をかぶって見えない

生育場所：林内の腐植土上
分布：本州〜琉球／朝鮮半島、中国、熱帯アジア、ハワイ、マダガスカル
形状・サイズ：直立茎は3〜5㎝。葉は長さ1.5〜2㎝、上半分の縁に鋸歯がある。また、直立茎の基部が赤紫色の小さな葉で覆われるのも特徴。胞子体は1本の直立茎から複数本出る。蒴柄は長く6〜8㎝、蒴は長さ約8㎜で円筒形

メモ：コケは全般的に美味しくない。なかでも本種はとくに不味いことで知られる。口に入れると一瞬甘いが、そのあとに強烈な苦みがあり、甘苦さがしばらく口に残る。

［出会い率 ★★★］

ツクシハリガネゴケ

ハリガネゴケ科　*Rosulabryum billardierii*　ロスラブリウム ビラルディエリ

低山地の岩上。落ち葉のかからないところに群生していた。雌雄異株（3月 徳島県）

谷筋の山道脇の斜面など明るく開けた、やや湿った場所を好む。大きな葉が茎頂部に集まり傘状になるのが特徴で、オオカサゴケなどと似るが、本種の方がずっと小さく、地下茎も持たない。

また、茎頂部にしばしば茶褐色の糸状の無性芽が見られるのも大きな特徴。ただし、常につけているわけではない。

無性芽がついていない群落

生育場所：低山地～山地の樹上、岩上、時に腐木や地上

分布：本州（関東地方以西）～琉球／アフリカを除く熱帯～温帯

形状・サイズ：茎は数㎝～6㎝、下部は密に仮根で覆われる。葉は全長約3～4.5㎜、上半部に小さな歯があり、乾くとねじれる。大きな葉が茎の上部に集まり傘状になる傾向がある。中肋は短く突出。蒴は卵形。葉腋にしばしば糸状で茶褐色の無性芽をつける

メモ：本種と形や大きさがよく似たコケにオオハリガネゴケがある。茎は赤く、時に茎が見えなくなるほど豊富に無性芽をつける。ただし、本種のように上部の葉だけ大きくなって傘状になることはない。

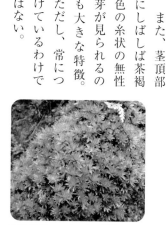

ケチョウチンゴケ

[出会い率 ★★★]

チョウチンゴケ科　*Rhizomnium tuomikoskii*　リゾムニウム トゥオミコスキイ

仮根が葉上に広がり、毛が生えたよう。若い植物体には生えていないことが多い。雌雄異株（3月 三重県）

チョウチンゴケ科のコケは中型〜大型で、葉がすりガラスのように薄くて光を透過させるものが多い。蒴は手持ち提灯のように蒴柄から垂れ下がるようにつく。

本種は沢沿いに多く、葉の上にもじゃもじゃと毛を生やしているものだから、初めて見た時はかなり衝撃を受ける。毛に見えるのは茎から上ってきた仮根で、先端に糸状の無性芽をつけて周囲に飛ばす。

褐色の仮根から緑色の無性芽が伸びる
（撮影：左木山祝一）

生育場所：沢付近の湿った岩上や朽木上など
分布：本州〜九州／極東ロシア、中国、ヒマラヤ
形状・サイズ：茎は直立し高さ1〜3㎝、全面に褐色の仮根が密生。さらに葉の上まで広がり、やがてそこから糸状の無性芽が立ち上がる。葉は長さ4.5〜6㎜、縁は丸く全縁。上部の葉はうちわ形。中肋は葉先か葉先近くに達し、葉の先端が小さく尖る。蒴柄は3〜5㎝。蒴は卵形

メモ：近縁種にハットリチョウチンゴケ。仮根が葉上には生えず、葉の中肋も葉先に届かないで終わる。

[出会い率 ★★★]

コバノチョウチンゴケ

チョウチンゴケ科　*Trachycystis microphylla*　トラキキスティス ミークロフィラ

雄株の雄花盤

雌雄異株。他のチョウチンゴケ科のコケと比べると透明感はない（6月 神奈川県）

直立性のコケながら、丸みのあるキツネのしっぽのような形で、岩や石垣から垂れ下がるようにして生えることが多い。普通種であるが、コツボゴケ（P86）のように都市部で見かけることは少なく、社寺の石垣や日本庭園など、より人の往来が少なくて静かな、日陰がちな場所を好むようである。コケの中でもいち早く、まだ寒さの残る早春に鮮やかな黄緑色の新しい枝と提灯形の蒴をつけるのが特徴。

なお、新枝の時季が終わると、植物体の色は緑色〜暗い緑色に落ち着く。さらに翌春になる頃には縮れて黒みを帯び、枯れたような姿となるが、そこに覆いかぶさるように次の新しい枝が出る。

生育場所：低地の土上、岩上、社寺の石垣や庭
分布：本州〜琉球／東アジア
形状・サイズ：茎は長さ2〜3㎝。茎頂部の生殖器官のすぐ下から数本の枝を出す。葉は細長く先が尖り、乾くと著しく巻く。蒴柄は長さ1〜2.5㎝。蒴は楕円形。雄株は雄花盤ができる

メモ：本種の群落には、なぜだかオレンジ色の小さなキノコ「ヒナノヒガサ」がしばしば生える。

エゾチョウチンゴケ ［出会い率 ★★☆］

チョウチンゴケ科　*Trachycystis flagellaris*　トラキキスティス フラジェラーリス

葉は明るい緑色〜濃い緑色。茎頂部の生殖器官を囲むように無性芽が伸びる（7月 長野県北八ヶ岳）

和名に「蝦《え》夷《ぞ》」と冠する通り、とくに北方の山地でよく見られる。茎は直立し、高さは2㎝ほどで、チョウチンゴケ科の中では中型である。他のチョウチンゴケの仲間と比べて、葉はやや透明感に欠け、コバノチョウチンゴケ（P83）と色みが似る。雌雄異株。

最大の特徴は、植物体の頂部からつんつんと伸びている小枝状の無性芽。散布しやすいように折れやすい構造となっている。なお、この無性芽は雄株・雌株ともに生殖器官をつけた個体のみに見られる。

じつにユニークな姿だが、実際に目にすると大変美しく、繊細なガラス工芸品を眺めるような贅沢な気分になれる。

生育場所：山地、とくに亜高山帯の半日陰の朽木上や岩上
分布：北海道〜九州／東アジア、北米西部
形状・サイズ：茎は高さ約2㎝、ほとんど分枝しない。生殖器官をつけた茎の頂部からは小枝状の無性芽が多数出る。葉は長さ約3㎜、細長い卵形で先が尖る。葉縁に鋸歯がある。雄株は雄花盤ができる

メモ：無性芽をつけるのはからだが成熟した大人の株のみ。生殖器官がまだ未熟な若い個体は無性芽をつけない。

[出会い率 ★★☆]

ムツデチョウチンゴケ

チョウチンゴケ科　*Pseudobryum speciosum*　プセウドブリウム スペキオースム

次の春に向けて早くも蒴柄を伸ばし始めた群落。雌雄異株（10月 長野県北八ヶ岳）

亜高山帯の林床に群生する、じつに堂々とした風貌のコケ。チョウチンゴケ科の中で最も大型で背が高く、まっすぐ立ち上がった茎は10㎝近くに達する。葉は長めの楕円形で先が尖り、強く波打っているのが特徴。木漏れ日が葉の波打ちに反射するときらきらと輝き、このコケが生えていると森が明るく見える。

胞子体は一度に4～6本出る
（撮影：波戸武仁）

生育場所：亜高山帯の林床の腐植土上や倒木上
分布：北海道～四国。とくに関東と中部地方が最もよく見られる／韓国
形状・サイズ：大型で、茎は高さ約10㎝、分枝しない。葉は長さ約1㎝以下、長楕円形で先が尖り、波打つような横じわがたくさんある。乾いてもあまり縮れない。また葉縁全体に長く鋭い歯がある。中肋は葉先にまで届く。胞子体は1本の植物体から4～6本出る

メモ：別名を「カシワバチョウチンゴケ」。葉の姿がカシワの葉に似ているのが名前の由来。

コツボゴケ

［出会い率 ★★★］

チョウチンゴケ科　*Plagiomnium acutum*　プラギオムニウム アクートゥム

胞子体をつけた雌株

雄株の雄花盤
（撮影：中島啓光）

長い茎の匍匐茎の間に点々と雄花盤をつけた直立茎が見える（5月 国内）

都市部の庭や公園にも普通。春に黄緑色の新芽と壺形の蒴をつけた群落は美しく、都会の春の風物詩となっている。

1本の植物体に直立茎と匍匐茎《ほふくけい》を併せ持つのが特徴。直立茎は頂部に生殖器官をつけるのが主な役割で、匍匐茎は長く伸びて地上に接した先端部分から仮根を出して子株をつくり、群落を広げる。雌雄異株。

近縁種はツボゴケ。見た目はコツボゴケと瓜二つで見分けは専門家でも困難。雌雄同株で、日本では北方の山地に生育。南の暖かい地域では見かけない。

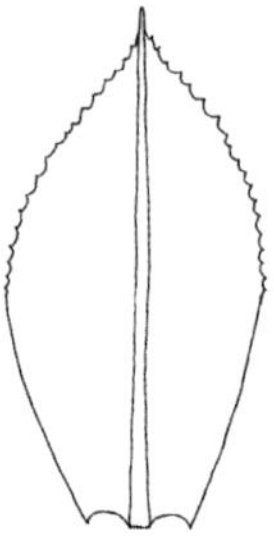

葉の上半分にだけギザギザがあるのが特徴

生育場所：低地～山地の地上や岩上。庭や公園

分布：北海道～琉球／アジア（東部～東南部）、ヒマラヤ

形状・サイズ：直立茎は高さ約2～4㎝。他に匍匐茎も併せ持つ。葉は上半分に鋸歯がある。中肋は明瞭で葉先に届く。雄株は雄花盤ができる

メモ：春の姿は美しいが、乾燥した季節に入ると葉が縮れて色あせ、晩秋はかなりみすぼらしくなる。

[出会い率 ★★☆]

ツルチョウチンゴケ

チョウチンゴケ科　*Plagiomnium maximoviczii*　プラギオムニウム マキシモヴィッチー

一見、コツボゴケに似るが、葉は舌形で波打つのが大きな特徴。雌雄異株（6月 三重県）

コツボゴケと同じく直立茎と匍匐茎を1本の植物体に併せ持つ。山地の林内など半日陰のやや湿った場所に生育する。葉は舌のような楕円形で波打つような横じわがある。さらにルーペで念入りに観察すると葉の縁全体に極小の鋸歯も確認できる。

近縁種はオオバチョウチンゴケ。葉は卵形～楕円形でどこかコーヒー豆を思い出させる形。横じわはない。沢沿いの岩上や、岩清水がしたたり落ちる岩壁など、常に水に濡れている場所に生育。

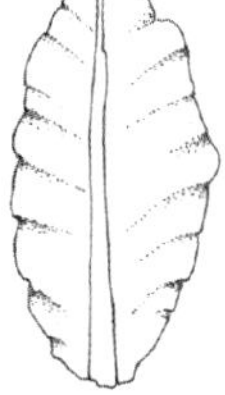

ツルチョウチンゴケの葉

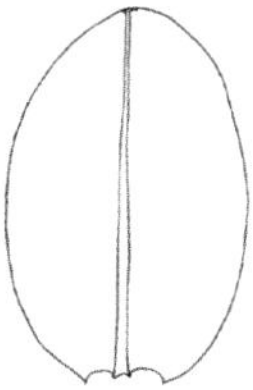

オオバチョウチンゴケの葉

生育場所：山地の湿った半日陰の地上や岩上
分布：北海道～琉球、小笠原／アジア
形状・サイズ：直立茎と匍匐茎を併せ持つ。葉は舌形で弱く波打ち、葉縁に極小の鋸歯がある。中肋は葉先に届く。雄株は雄花盤ができる。

メモ：見頃は春～初夏。雌株は一度に数本の胞子体を伸ばし、雄株の雄花盤は花が咲いたように美しい。

ヒノキゴケ

［出会い率 ★★★］

ヒノキゴケ科　*Pyrrhobryum dozyanum*　ピロブリウム ドージアヌム

蒴は湾曲した円筒形で秋〜冬に成熟。茎頂部の明るい緑色は新芽。別名「イタチノシッポ」（7月 栃木県）

丸みのある優美なフォルムと柔らかな手触りで人気のあるコケ。山地に生え、こんもりとした小さめの群落を点々とつくるので林床でもよく目立つ。

近縁種は本種より小型のヒロハヒノキゴケ。両者は隣り合って生えることもあるが、ヒロハヒノキゴケは茎に仮根が少なく、蒴柄のつく位置が異なる。

ヒノキゴケ：蒴柄が茎の途中から伸びる

ヒロハヒノキゴケ：蒴柄が茎の根元から伸びる

生育場所：山地の日陰〜半日陰の林床の腐植土上。谷沿いなど湿度の高い場所を好む。苔庭にも

分布：本州〜琉球／朝鮮半島、中国

形状・サイズ：茎は長さ5〜10㎝、茎の基部から中部にかけてしばしば赤褐色の仮根に覆われるのが特徴。葉は黄緑色〜深緑色、針状で10㎜前後、乾燥すると内側に巻く。雌雄異株

メモ：ヒロハヒノキゴケは腐植土のほか、スギなどの針葉樹の根元や切り株にも好んで生える。

[出会い率 ★★★]

タマゴケ

タマゴケ科　***Bartramia pomiformis***　バルトラミア ポーミーフォールミス

コケ好きの間では不動の人気を誇り、「タマちゃん」の愛称でも知られる。雌雄同株（3月 長野県）

明るい黄緑色で半球状の群落をつくる。3～4月頃に球形の蒴をたくさんつけた姿はまるで緑の針山のようで、大変かわいらしい。反面、赤褐色の蒴歯はどこか「目玉おやじ」を連想させ、やや不気味でもある。

山深い所よりも、山道脇など明るい斜面でよく見られる。しばしば自分の重みに耐えかねて群落ごと斜面から転がり落ちているので、見つけたらもとに戻してあげよう。

乾くと葉は縮れ、かわいさは激減

生育場所：山地の日陰～やや日当たりの良い、湿度の安定した土上や岩上。山道脇の斜面の土上やくぼみの中にもよく見られる

分布：北海道～九州／北半球

形状・サイズ：茎は長さ4～5㎝、下部は茶褐色の仮根で覆われる。葉は長さ4～7㎜、針のように細長く、乾くと著しく縮れる。蒴柄は長さ1.5～2.5㎝。蒴歯は赤褐色。蒴は球形

メモ：もしもタマゴケの群落から真っ白い柄が何本も伸びていたらご注意を。胞子体が「Eocronartium muscicola（タマゴケ寄生菌）」に侵された可能性が高い。

カマサワゴケ

［出会い率 ★★☆］

タマゴケ科　*Philonotis falcata*　フィロノーティース ファルカータ

住宅地の水路にて。触ると指に粒々とした無性芽がつくことがしばしばある。雌雄異株（10月 兵庫県）

明るい場所の水に濡れた土上や岩上に生育するほか、田畑や住宅地の水路にもよく生える。群落は平たくならず、ぽこぽこある程度の塊になって基物を覆う。蛍光色にも似た鮮やかな黄緑色で、水滴をまとって輝く姿は見る者の心も明るくしてくれるほど美しい。

葉は幅がやや広く、葉と葉の間から茎が見える程度に葉がまばらにつくのが特徴である。

群落の上にのった水滴が輝く

生育場所：低地〜山地の明るく水に濡れた、または湿った地上や岩上。沢沿いのほか、田畑や住宅地の水路、公園の水辺などにも
分布：北海道〜琉球／アジアの温帯〜熱帯
形状・サイズ：茎は高さ2〜5㎝。葉は長さ1〜2㎜、やや幅のある針状で先が尖り、上部で折り畳まれたようになることも。湿っても大きく広がることはなく、常に茎に沿い、乾くと茎に接着する。中肋は葉先の直下まで。蒴は球形

メモ：水滴をまとうのは葉の細胞表面にある微小の突起で水分をはじくため。水場を好むが水に染まらないコケ。

［出会い率 ★★☆］

コツクシサワゴケ

タマゴケ科　*Philonotis thwaitesii*　フィロノーティース トゥワイテシー

渓谷の水に濡れた斜面に群生。葉は乾いても縮れず、茎に接着する。雌雄異株（12月 神奈川県）

サワゴケの仲間の中では小型。カマサワゴケと同じく水際を好み、渓流近くの明るい地上や岩場に小さな塊となって群生することが多い。葉は優しい黄緑色で、葉先は針のように細く尖る。乾くと葉は茎に密着し、茎が見えなくなる。

春にタマゴケ（P89）と同じく「目玉おやじ」に似た蒴をつけるが、蒴柄は小型な配偶体に対してアンバランスに長い。

湿ると葉がやや開き、赤褐色の茎と、針状の鋭い葉先が目立つ

生育場所：低地～山地の半日陰～日当たりの良い、水に濡れた、または湿った地上や岩上
分布：本州～琉球、小笠原／アジア（東部～東南部）、スリランカ、オセアニア
形状・サイズ：茎は赤褐色で長さ1～2㎝。葉は長さ1.2～1.5㎜、先端が鋭く尖った針状で茎に密につき、乾くと強く枝に接着する。また、葉縁全体に細かな鋸歯があり、中肋は葉先から突出する。蒴柄は長さ1.5～2.5㎝で赤褐色。蒴はほぼ球形

メモ：タマゴケの蒴はきれいな球形だが、本種のものはよく見ると、やや横長である場合が多い。

タチヒダゴケ

［出会い率 ★★★］

タチヒダゴケ科　*Orthotrichum consobrinum*　オルソトリクム コンソブリーヌム

雌雄同株。１年を通して蒴をつけた姿をよく見かける。「コダマゴケ」の別名もある（４月 山形県）

郊外を中心によく見られ、日当たりの良い街路樹、社寺や学校などの樹木に小さな群落をぽつぽつとつくる。

乾燥時は黒っぽい緑色で存在感が薄いが、雨上がりには鮮やかな緑色が蘇り、パッチワークのように樹幹を彩る。先がちょこんと尖った帽を目深にかぶった蒴が、ドングリを連想させるかわいらしいコケ。

帽は釣鐘状。乾くと葉は茎に接する

生育場所：日当たりの良い樹幹
分布：本州～九州／朝鮮半島、中国
形状・サイズ：茎は直立し、長さ１㎝前後。葉は長さ1.5～2.5㎜、細長く先が尖り、乾くと縮れず茎に接する。蒴柄は長さ約0.5㎜と短く、蒴は茎頂部から直接出ているように見える。帽は釣鐘状で無毛、明瞭な縦ひだがある。蒴は楕円形で、乾くと8本の縦じわが入る

メモ：都市部ではあまり見られないコケとされてきたが、最近はアーバンモスの隙間に混生していることも。

[出会い率 ★★☆]

カラフトキンモウゴケ

タチヒダゴケ科　*Ulota crispa*　ウロタ クリースパー

樹幹や枝の上方に群落をつくるので、下を向いてフィールドを歩いていると見逃しやすい（5月 宮崎県）

主に山地の周囲が開けたような日当たりの良い樹幹の上部や枝の上の方に、円状の小ぶりな群落をつくる。その名の通り、肉眼でもわかるほど蒴の帽に金色の長毛がたくさんつくのが特徴。葉は、湿っている時は明るい緑色だが、乾燥すると強く縮れて巻き、黒っぽい緑色になる。

帽に毛が豊富につくことや、乾くと葉が著しく巻くという点ではミノゴケ（P94）と似る。しかし本種は茎が直立性で群落も小さくまとまるが、ミノゴケは匍匐性で広く這い、薄くて大きな群落をつくる。また本種の蒴には長い首があるというのも、ミノゴケとの大きな違いである。

生育場所：低地～山地の樹幹の上部や枝上
分布：北海道～九州／世界の寒地
形状・サイズ：茎は直立し長さ5～10㎜。葉は長さ2～3㎜、基部のみ壺状で、上部で急に細くなる。また、乾燥時は強く縮れて巻く。蒴柄は長さ2㎜前後と短い。帽には下から上に向かって長毛がたくさんつく。蒴の首は長く、倒卵形で、乾くと8本の縦じわが入る。雌雄同株

メモ：名前に「樺太」とつくが北方の地に特別に多いわけではなく、関西や九州でも普通に見られる。

ミノゴケ

［出会い率 ★★★］

タチヒダゴケ科　***Macromitrium japonicum***　マクロミトリウム ヤポニクム

湿潤時も葉先が内側に折れ曲がる

帽は大きく、長毛が豊富につく（撮影：佐伯雄史）

葉は湿っていると緑色〜黄緑色だが、乾燥すると褐色がかる（10月 北海道）

蒴の帽に長い毛が豊富につき、からだに蓑《みの》を被ったように見えることが和名の由来。茎は岩や樹幹を広く這い、1cm前後の枝をたくさん立ち上げ、枝には葉が密集する。乾くと、葉は著しく丸まり、枝は正月飾りの餅花のような状態になる。また、湿っていても葉先だけが内側に折れ曲がっているのも大きな特徴。

乾くと短い枝に密についた葉が丸まり粒状になる

生育場所：低地〜低山の日当たりの良い乾いた樹幹や岩上
分布：北海道〜琉球、小笠原／東アジア
形状・サイズ：茎は長く這い、1㎝前後の直立する枝をたくさん出す。葉は枝に密集。枝葉は長さ1.5〜2.5㎜、細長い舌形で乾湿に関係なく先端が短く内側に折れ曲がる。また乾くと強く巻く。蒴柄は長さ3〜5㎜。帽には多くの茶色い長毛が上向きにつく。蒴は楕円形〜球形。雌雄異株

メモ：ミノゴケ属は似た種が多く見分けが難しいが、湿潤時も葉先が折れ曲がるのは本種ならでは。

［出会い率 ★★★］

コウヤノマンネングサ

コウヤノマンネングサ科　*Climacium japonicum*　クリーマキウム ヤポニクム

枝葉は緑色〜黄褐色。雌雄異株で胞子体は稀。乾燥時は葉が枝に接着し、やせて見える（8月 奈良県）

木の実生《みしょう》と間違えても仕方がないほど大型で、優美なコケ。オオカサゴケ（P80）と同じく、地中を這う地下茎と、地中から真上に伸びる直立茎を持ち、同じ群落にあるものは地下茎で繋がっている。よく似たコケにフジノマンネングサ（蘚類フジノマンネングサ科）がある。本種より標高の高い山地に多く、亜高山帯ではこちらが主流。枝が細く、繊細な雰囲気が漂う。

フジノマンネングサ（撮影：堀内雄介）

生育場所：山地の半日陰の腐植土上に多い
分布：北海道〜九州／朝鮮半島、シベリア、中国
形状・サイズ：直立茎は高さ5〜10㎝に達し、さらに大きくなることも。茎上部は下を向き、樹状の枝が集中する。枝は先に向かって細くなる。枝葉は長さ2.5㎜以下、細長い三角形で、先端の葉縁に鋸歯がある。蒴柄は長さ2〜3㎝で赤褐色、1本の植物体から2本以上出る。蒴は楕円形

メモ：16世紀には高野山（和歌山県）で霊草としてすでに知られた存在で、和名もそれに由来する。

フロウソウ

[出会い率 ★★☆]

コウヤノマンネングサ科　*Climacium dendroides*　クリーマキウム デンドロイデス

コウヤノマンネングサと比べるとずんぐりとした印象(11月 青森県奥入瀬渓流)

コウヤノマンネングサ（P95）と同じく名前に「草」が付くほど大型のコケ。やはりこちらも地中に埋もれる地下茎と、真上に伸びて地上から顔を出す直立茎を持ち、胞子体は同じく稀。

ただし、前種と比べて背が低く、直立茎の先は垂れ下がらずに真上を向いたままで終わる。枝先も細くならず、基部から先まではほとんど一定の太さを保っている。

水の近くが大好きで、水辺の腐植土上や腐植土のたまった岩上などによく群落をつくり、時に湿地に生えることも。そのような生育環境の好みもコウヤノマンネングサと大きく異なる点である。雌雄異株。

生育場所：山地の半日陰の湿った腐植土上。とくに林内の水辺近くの腐植土上など
分布：北海道～九州。とくに中部以北の寒冷・湿潤な場所／北半球、ニュージーランド
形状・サイズ：直立茎は高さ数cm～10cm弱ほど。コウヤノマンネングサと比べ一般的に背が低く、茎の上部は湾曲せずまっすぐ上を向く。枝葉は前種よりも幅広い三角形で、広く尖る

メモ：コウヤノマンネングサも本種もテラリウムなどで人気だが、園芸業者の山採りが横行し、最近は減少ぎみ。

[出会い率 ★★★]

ヒジキゴケ

ヒジキゴケ科　***Hedwigia ciliata***　ヘドウィギア キリアータ

蒴の色はオレンジ色～赤褐色

湿潤時。葉が開いた状態

乾燥時。葉は茎に接着し、どこか乾燥ヒジキを思わせる（3月 神奈川県）

日当たりの良い乾いた岩上や石垣に白緑色～黄緑色の群落をつくる。国内各地で普通に見られる。匍匐性だが、茎の先は大きく反り上がり、不規則に枝分かれする。胞子体は、蒴柄がとても短く、蒴が雌苞葉の間に埋もれて見えるのが特徴。さらにルーペでよく見ると、雌苞葉の上部からは透明な長い毛が伸びているのがわかる。

　生育環境や蒴が埋もれる点はケギボウシゴケ（P64）をはじめとするギボウシゴケ科の仲間と共通し、混生することもよくあるが、色みがまったく違うこと、また本種は葉に中肋がなく、蒴は口環と蒴歯がないので見分けは難しくない。雌雄同株。

生育場所：日当たりの良い乾いた岩上や石垣上。日本庭園の石組や、社寺の石燈籠の上にも

分布：北海道～九州／世界各地

形状・サイズ：茎は長さ4～5㎝、上部は反り上がり不規則に分枝する。葉は長さ1.5～2㎜の卵形。中肋はない。胞子体は茎の途中につき、蒴は雌苞葉に埋もれる。雌苞葉の上部の縁に透明な長毛がある。蒴は卵形～球状。口環と蒴歯はない

メモ：霧吹きなどで水を与えると一瞬で大きく葉を開く。そのスピードはエゾスナゴケと一、二を争う。

ヒムロゴケ

［出会い率 ★★★］

ヒムロゴケ科　*Pterobryon arbuscula*　プテロブリオン アルブスキュラ

植物体は黄緑色～褐色を帯びた黄緑色。雌雄異株（4月 鹿児島県屋久島）

山地の日陰の樹幹や岩壁に着生する大型のコケ。針金のように細くて硬い一次茎が基物を這い、そこから二次茎が立ち上がって樹状に枝や葉を伸ばす。樹幹が見えなくなるほど大きな群落になることもある。乾燥しても葉はあまり縮れないが、二次茎は先がくるんとカールするのが特徴である。

茎の裏側（腹側）を見ると胞子体をよくつけている。しかし蒴柄が非常に短く、蒴は雌苞葉にすっぽりと埋まっているため、案外見つけにくい。

乾くと反り上がるのが特徴

生育場所：山地の日陰の樹幹や岩壁
分布：北海道～琉球／中国、朝鮮半島
形状・サイズ：大型で、基物を這う細い一次茎と、一次茎から立ち上がる二次茎がある。一次茎には鱗状に小さな葉がつく。二次茎は分枝してやや平たい樹状となる。枝葉は長さ2㎜前後で細長く、先が尖る。中肋は長いが葉先には届かない。蒴柄は非常に短い。蒴は卵形で雌苞葉の間に隠れる

メモ：厳しい寒さは苦手のようで、北方よりも関東以南～九州のブナ帯や針葉樹林帯の方がよく見られる。

[出会い率 ★★★]

キヨスミイトゴケ

ハイヒモゴケ科　***Neodicladiella flagellifera***　ネオディクラディエラ フラジェリーフェラ

沢近くの林内にて。和名は千葉県の清澄山に由来。雌雄異株で、蒴がつくのは稀（6月 東京都）

ハイヒモゴケ科のコケは、一次茎は基物を這い、二次茎が紐状となって長く垂れ下がるのが特徴である。多くの種が沢沿いなどの空中湿度が高い、木や岩に生育する。

その中でも本種は植物体がとりわけ細く、糸状となる。葉は光沢のある黄緑色で、枝は長くなると数十cmに達することがある。生育環境が良いと群生し、多くの木の枝から垂れ下がる姿はまるで緑のカーテンのようである。

近縁種はイトゴケ。本種よりもさらに植物体が細くなるが、肉眼では見分けが難しい。中部以西～九州に生育する。

生育場所：沢沿いの空中湿度の高い半日陰の木の樹枝や樹幹

分布：本州～琉球、小笠原／中国、熱帯アジア

形状・サイズ：一次茎は基物を這い、二次茎は垂れ下がって不規則に分枝。枝は長さ10～15cm、時に数十cmに達する。葉は茎にも枝にも密につき、上部が針状に細く、絹のような光沢がある。中肋は葉の途中まで。蒴柄は長さ2.5～3mm。蒴は円筒形で雌苞葉よりもずっと上に出る

メモ：たいがいは人の手の届かない高さの枝に着生するが、たまにサツキなど低木の茂みにも群生する。

リボンゴケ

［出会い率 ★★☆］

ヒラゴケ科 ***Planicladium nitidulum*** プラニクラディウム ニティドゥルム
（***Neckeropsis nitidula*** ネケロプシス ニティドゥラ）

茎の腹側に雌苞葉に隠れた蒴が並んでつく

葉は緑色～黄緑色。植物体の背面は日光を受けてとてもつややか（4月 三重県）

ヒラゴケ科は樹幹か岩に着生し、多くは生育基物から垂れ下がって生える。その名の通り葉は茎に平たくつき、湿潤時も乾いているかのようなカサカサとした質感で、「ふんわり」や「モコモコ」といったコケの感触が好きな人には、やや魅力に欠けるかもしれない。

本種は低山の沢の近くなど、湿度があって開けた明るい場所の樹幹や岩上に生育する。一見、葉状体タイプの苔類かと思うほど細長くて平べったい姿だが、ルーペで見ると葉が重なり合って茎に密について、そのように見えていたことがわかる。葉には魚の鱗のような透明感と光沢がある。

生育場所：低山の明るい樹幹や岩上
分布：北海道～琉球、小笠原／朝鮮半島、中国、フィリピン
形状・サイズ：茎は基物を這う一次茎と垂れ下がる二次茎があり、二次茎は長さ1～5㎝。葉は茎に極めて平たくつき、長さ2～2.5㎜、へら状で上部が幅広く、横じわはない。また、強い光沢があり、乾いても縮れない。蒴柄は短く、蒴は楕円形で雌苞葉に隠れる。雌雄異株

メモ：地衣類にも「リボンゴケ」という和名を持つ種がある。しかしどちらもリボンのイメージとはほど遠い。

[出会い率 ★★☆]

セイナンヒラゴケ

ヒラゴケ科 *Neckeromnion calcicola* ネケロムニオン カルキコラ
(*Neckeropsis calcicola* ネケロプシス カルキコラ)

石灰岩地の岩壁に生育。乾湿に関係なく軽い手触り。この群落で10～15㎝ほどの長さ(8月 岡山県)

石灰岩地のみに生える大型のコケで、生長が良いものは二次茎が30㎝以上にもなり、基物から垂れ下がる。葉はつやのある緑色～黄緑色で、茎に極めて平たくついて、乾いても縮れない。

図のように葉の形に大きな特徴があるため、ルーペがあればフィールドでも同定しやすい。

和名は、平たい容姿のコケで、国内の西南部にとくに多いことに由来する。

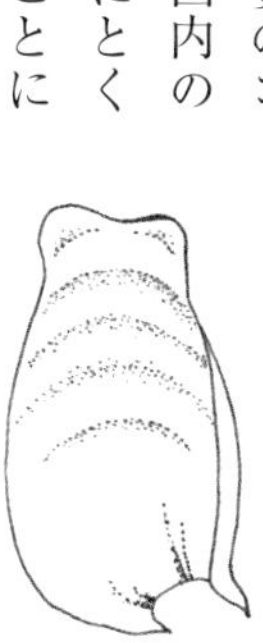

葉の先端は角ばり、半月状の明瞭な横じわがある

生育場所：石灰岩上。稀に樹上にも

分布：本州～琉球／中国

形状・サイズ：茎は基物を這う一次茎と垂れ下がる二次茎があり、二次茎は30㎝を超える長さになることも。葉は茎に平たくつき、長さ2.5～3㎜、舌形で先端が角張り、半月状の強い横じわがいくつもできる。雌雄異株で蒴は非常に稀。蒴柄は1.8～2㎜。蒴は楕円形で、雌苞葉からわずかに出ている

メモ：近縁種にトサヒラゴケ。石灰岩地には生えず、二次茎は短め、葉の横じわは浅い。暖地の樹上や岩上から水平に生育する。

キダチヒラゴケ

[出会い率 ★★★]

ヒラゴケ科　***Homaliodendron flabellatum***　ホマリオデンドロン フラーベラートゥム

植物体の先端はやや斜めに立ち上がる。雌雄異株（3月 三重県）

全体的に葉が密で羽のようにも見える

大型ながら、植物体がとにかく薄く、そのせいか存在感も薄くて、視界に入っていても初心者は見逃すことが多い。また、たとえ湿っていても、枯れているのではないかと心配になるほど常に乾いた質感であるのも原因なのかもしれない。葉は淡緑色～灰緑色で、光沢はあるがやや色あせる。細かく分かれた枝には薄い葉が平たくみっしりとつき、まるでぺしゃんこになった樹木のような特徴的な形状になることから、肉眼でも他の種と見分けをつけやすい。

岩の壁面や樹幹に大きな群落をつくり、石灰岩上にも生育する。

生育場所：沢沿いなど湿度が高く、薄暗い～半日陰の岩上や樹幹。石灰岩地にも

分布：本州～琉球／朝鮮半島、中国、熱帯アジア

形状・サイズ：二次茎は長さ4～10㎝ほど。よく分枝し樹状となる。葉は茎と枝に平たく密につき、茎葉は長さ3～3.5㎜、長めの楕円形で乾いても縮れない。また葉先には、やや尖って大きめの鋸歯がいくつかある。蒴は稀。蒴柄は長さ2～3㎜。蒴は卵形

メモ：和名の「キダチヒラ」も学名の「*Homaliodendron*」も、いずれも「平たい樹状」の意味を持つ。

[出会い率 ★★☆]

オオトラノオゴケ

ヒラゴケ科　***Thamnobryum subseriatum***　タムノブリウム スブセリアートゥム

葉は密でやや光沢のある緑色。湿った場所を好むものの、常にぱさついた雰囲気である。雌雄異株(2月 兵庫県)

低地～山地の薄暗く湿った場所の岩や石垣に大きな群落をつくる大型のコケ。名前からついトラの尾をイメージしがちだが、正直なところ似ていない。直立した二次茎は下部から小さな葉を密につけるのが特徴で、上部で不規則な枝をたくさん出して樹状となる。また先端は内側に曲がって、熊手のような形になる。

なお、以前はヒラゴケ科から独立させてオオトラノオゴケ科に分類されたこともある本種だが、最新の分子系統解析の結果から、現在は再度ヒラゴケ科に戻されている。

生育場所：低地～山地の林内の薄暗く湿った石垣や岩など
分布：北海道～九州／朝鮮半島、中国、極東ロシア
形状・サイズ：一次茎は基物を這う。二次茎は立ち上がって長さ5～10㎝、下部に葉を密につけ、上部で多くの枝を不規則に出して樹状となる。枝葉は長さ2～3㎜の卵形、中部付近の幅が最も広くなり、さじ状に凹む。胞子体は枝の上部から数本出る。蒴柄は赤褐色で長さ1.5～2.5㎝。蒴は卵形。蓋には長い嘴がある

メモ：トラノオゴケ科という科もあり、この科のトラノオゴケは枝が円柱状になり、ややトラの尾に似る。

ツガゴケ

[出会い率 ★★★]

ホソバツガゴケ科　*Distichophyllum maibarae*　ディスティコーフィルム マイバラエ

早春にいっせいに胞子体をつけた群落。暖かい地方に多く分布する。雌雄同株（3月 三重県）

沢近くの岩壁や土上など、日陰で常に水がしみ出ているような湿った岩上を好む。葉は緑色～濃い緑色で柔らかく、茎に平たくついて一見したところ苔類のよう。しかしルーペで見ると明瞭な中肋が葉先近くまで伸びていて、蘚類なことは明白。個々の植物体は小さいが、大人の手の平大、もしくはそれ以上に大きなマット状の群落をよくつくるので、何度か目にしていると肉眼でもそれとわかるようになる。

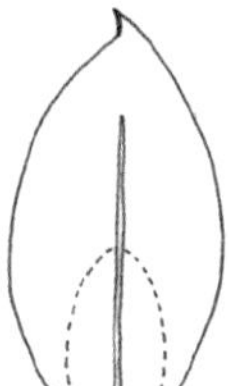

葉：中肋は葉長の4/5程度

帽：上部から数本の長毛が伸びる

生育場所：低地～山地の日陰の湿った岩上
分布：本州～琉球、小笠原／中国、東南アジア
形状・サイズ：茎は這い、長さ2㎝前後で、先がやや立ち上がってまばらに枝を出す。葉は密につき、長さ1.5～2㎜、倒卵形で葉先に短い突起がある。中肋は葉先近くまで伸びる。蒴柄は長さ5～8㎜、茎の途中から伸びる

メモ：帽は先が嘴のように尖り、そこから数本の長毛が伸びていてかわいらしい。見つけたらラッキー。

[出会い率 ★★★]

アブラゴケ

アブラゴケ科 **Hookeria acutifolia** フッケリア アキューティフォリア

葉は透けるような色合いで、重なり合って茎につく。雌雄同株（8月 鹿児島県屋久島）

葉の表面が油でコーティングされたように見えることから、肉眼でも見分けは容易。別名「リュウキュウアブラゴケ」。日本各地の林内に普通に見られ、やや日陰の土上や岩上に生育する。しかし、ツガゴケのようにマット状に広く群生する姿はほとんど見られず、他のコケと混生していたり、少数で小さな群落をつくっていることが多いため、普通に生えているものの、意外と見落とされがちでもある。

秋に胞子体を伸ばした群落

生育場所：林内のやや日陰の土上や岩上

分布：北海道〜琉球、小笠原／東アジア、北米、南米、ハワイ

形状・サイズ：茎は這い、長さ5〜6㎝。葉は5列ほどに重なり合い、長さ3〜4㎜の卵形、全縁で先が尖る。乾くとやや縮れる。中肋はない。蒴柄は長さ10〜15㎜。蒴は長卵形。葉先に時々、無性芽の塊をつけることがある

メモ：コケの中でも葉の細胞がとりわけ大きい。ルーペでも六角形の細胞の形を見ることができる。

クジャクゴケ

［出会い率 ★★★］

クジャクゴケ科　*Hypopterygium fauriei*　ヒポプテリギウム フォーリエイ

葉は緑色〜明るい黄緑色。湿度が高く薄暗い場所に多い（6月 京都府）

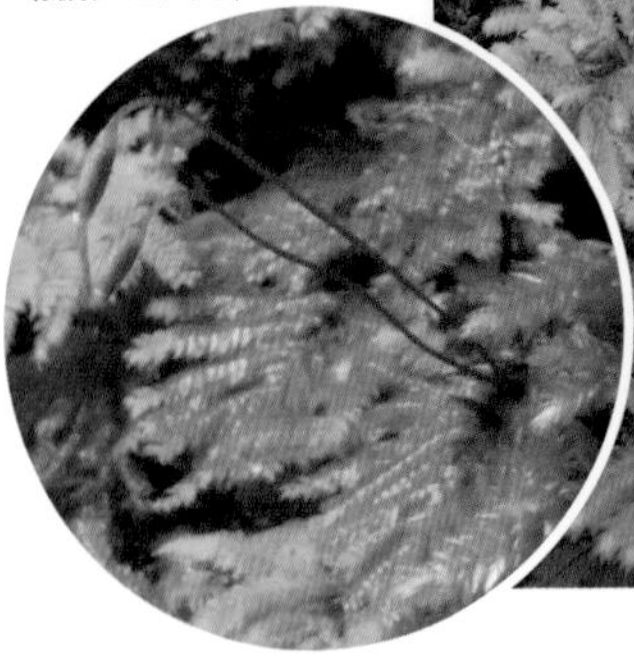

秋に1株から数本の胞子体が伸びる（撮影:辻久志）

蘚類の中でも指折りの美しいコケ。一次茎は基物を這い、真上に伸びた二次茎の頂部にはうちわ状に広がる枝を持ち、和名の通りまるでクジャクが羽を広げたような姿である。また、苔類のような特徴を持つユニークなコケでもあり、枝の裏側（腹側）を見ると、枝の左右につく通常の葉（側葉）に加えて、枝の上にも小さな葉（腹葉《ふくよう》）がある。雌雄同株。

枝の腹側：小さな腹葉が並ぶ

生育場所：山地の沢近くなど湿度が高くて薄暗い場所の腐植土上や岩上
分布：北海道〜九州／中国、北米西部
形状・サイズ：一次茎は基物を這い、二次茎は立ち上がって長さ1.5〜2.5㎝ほどになり頂部で多くの枝がうちわ状に広がる。葉は長さ1.5㎜前後、卵形で先が尖る。また腹側には円形で中肋が突出した小さな腹葉が枝に1列につく。蒴柄は2〜3㎝で赤褐色。蒴は長卵形

メモ：近縁種はヒメクジャクゴケ。岩上を好み、胞子体がついていれば蒴柄の色が藁色なので区別がつく。クジャクゴケとヒメクジャクゴケを同種とする考えもあるが、本書では従来の考えに従い別種とした。

[出会い率 ★★★]

コゴメゴケ

コゴメゴケ科　*Fabronia matsumurae*　ファブローニア マツムラエ

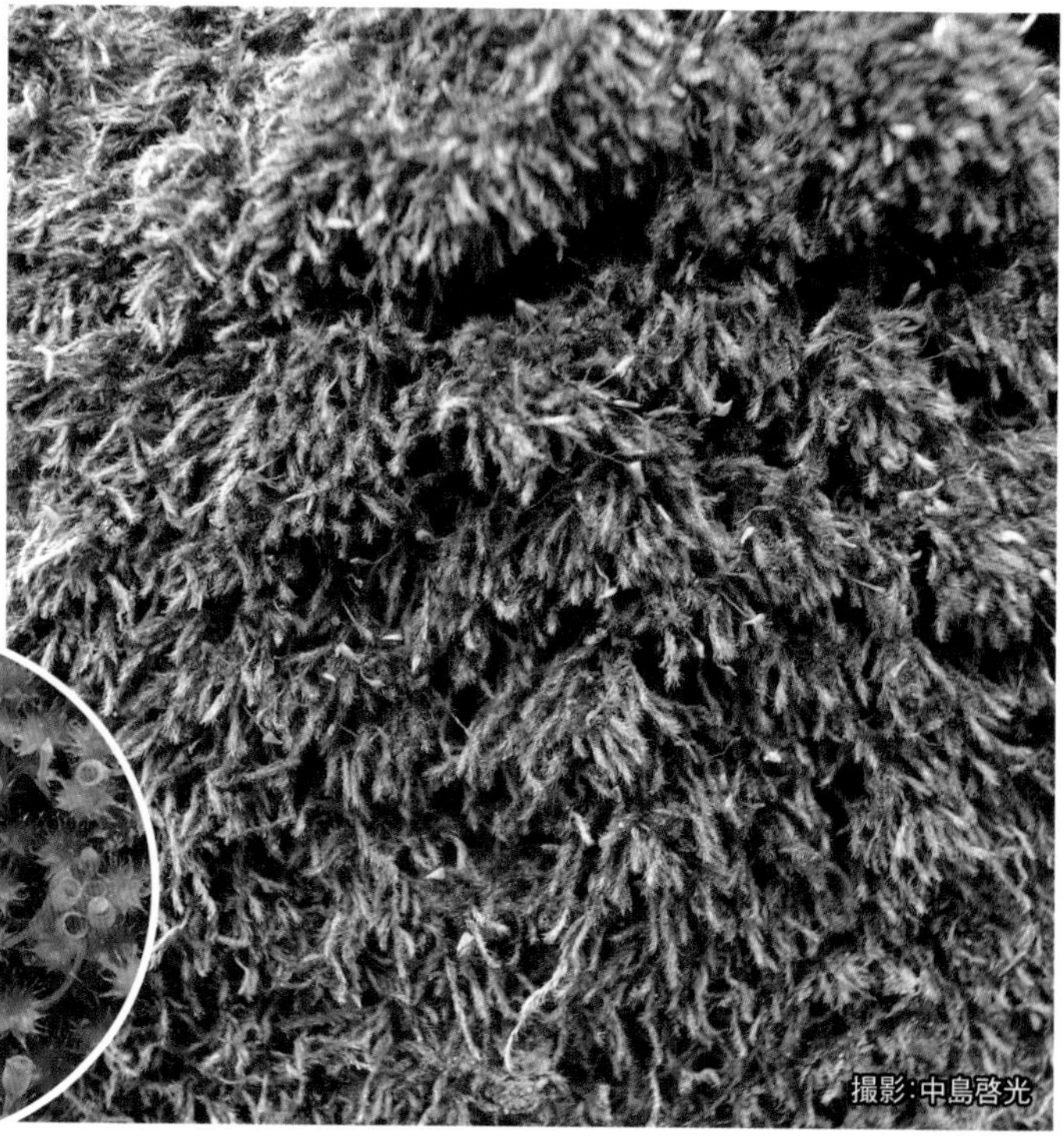

胞子体をつけた湿潤時の群落
(撮影:村井まどか)

群落に近づいてみると、乾燥時は白い糸くずをつけたように見える(3月 千葉県)

都市部でよく見ることができる樹幹性アーバンモスの一種である。雌雄同株。植物体は光沢のある濃い緑色で、マット状に樹幹を覆うも、他のアーバンモスよりも小型で、目立った特徴に欠けるせいか、普段はあまりぱっとしない。ただ、カップ形のかわいらしい胞子体を群落いっぱいにつけると、樹幹が一気に華やぐ。

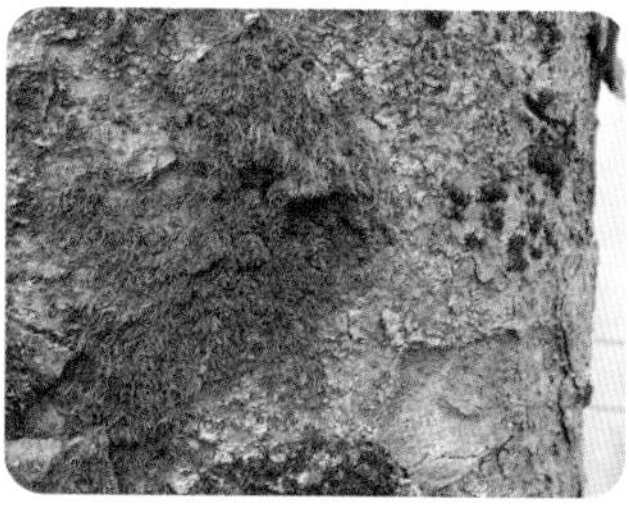
胞子体のない群落は引きで見ると地味

生育場所：低地〜低山の樹幹。庭木や街路樹
分布：本州〜九州。東北以南、とくに西南日本／中国、極東ロシア
形状・サイズ：茎は這い、反り上がった長さ約5㎜の枝を密に出す。葉は卵形で葉縁の上半分に目立つ歯があり、葉先は長い透明尖となる。また、乾くと茎に接着する。蒴柄は長さ2〜3㎜でおおむね下を向く。蒴は卵形。蒴歯がない

　メモ：蒴には蒴歯がないので、胞子体をつけていたら他のアーバンモスとの見分けは容易。

ホソオカムラゴケ

［出会い率 ★★★］

イタチゴケ科　***Okamuraea brachydictyon***　オカムラエア ブラキディクチオン

無性芽をつけた植物体

枝先に無性芽をつける。濃い緑色は無性芽のない植物体（6月 大阪府）

都市部や郊外の日当たりの良い樹幹や石垣、コンクリート壁などに群生する。垂直面に多く、大きな平たい群落をつくる姿がよく見られる。茎は這い、枝は密について斜めに立ち上がる。

枝先に小枝状の無性芽を豊富につけるため、群落全体がモコモコと立体的になる。逆に無性芽をつけていない時の群落はアオギヌゴケ属と雰囲気が似て、見過ごしやすい。

コンクリート壁の無性芽をつけた群落

生育場所：都市部や郊外の日当たりの良い樹幹、石垣、岩上、コンクリート壁
分布：本州〜九州／朝鮮、中国、極東ロシア
形状・サイズ：茎は這い、密に枝を出す。枝は斜上し、長さ5〜10㎜、先端に小枝状の無性芽を豊富につける。葉は長さ1〜1.5㎜、先が短く尖る。蒴は傾くかほぼ直立。雌雄異株

メモ：属学名も和名も岡村周諦博士(1877-1947)にちなむ。日本の蘚苔類研究の草分け的研究者で、牧野富太郎博士や南方熊楠とも交流があった。

[出会い率 ★★☆]

コバノイトゴケ

シノブゴケ科　*Haplohymenium pseudotriste*　ハプロヒメニウム プセウドトリーステ

植物体は不透明な緑色～黄緑色。葉は乾くと茎に接して糸状となる。雌雄異株（4月 大阪府）

シノブゴケ科はシダ植物のシノブに似た形のものや、糸状に伸びるものなどがあり、色合いは不透明な緑色となる。個々の種の違いが細かく、見分けが難しい科である。

本種は主に低地の郊外や緑の豊富な公園などの樹幹に群生する。茎は不規則に枝分かれして5㎝前後の糸状となる。乾いていると葉が茎に接着して糸状だが、湿ると開いて房状になり、表情が大きく変わる。

近縁種は本種よりやや大きいイワイトゴケ。主に山地に生育し、ルーペで見ると葉先がよく折れているのが特徴。コバノイトゴケの葉先は折れにくい。しかし、両者は非常に似ていて正確な区別は困難。

生育場所：低地の半日陰～日当たりの良い樹幹
分布：本州～琉球、小笠原／熱帯アジア、南アフリカ、オセアニア
形状・サイズ：茎は這い、不規則に分枝して糸が絡み合ったように見える。枝葉は長さ約0.5㎜、基部から葉長の半分は卵形だが、途中から舌状に伸び、葉先は円頭で時に広く尖る。蒴柄は長さ約5～7㎜。蒴は広卵形

メモ：最新の学説では、本種はキヌイトゴケ科に分類されている。

ラセンゴケ

[出会い率 ★★★]

シノブゴケ科　***Herpetineuron toccoae***　ヘルペティネウロン トコアエ

植物体は緑色～不透明な黄緑色。雌雄異株で蒴はめったにつけない（11月 東京都）

低地～低山の岩上や石垣、樹上に群落をつくる。植物体は乾燥すると葉が茎に接して房状にまとまり、先端がネコのしっぽのようにくるっと巻く。ただし、湿ってしまうと葉が大きく開いて先端の巻きも弱くなり、この特徴がわかりにくくなる。コバノチョウチンゴケ（P83）とやや雰囲気が似るが、植物体の先端がしばしば長く鞭《むち》状に伸びるので見分けがつく。

湿って葉が開いた群落

生育場所：低地～低山の半日陰～日当たりの良い岩上や樹幹。人家や公園の石垣などにも

分布：本州～琉球／世界各地

形状・サイズ：茎は一次茎が基物を這い、二次茎は直立して、ほぼ枝分かれせず基物から垂れ下がる。二次茎は長さ1㎝～約5㎝と変異が大きい。植物体の先端が鞭状に伸びることが多い

メモ：湿った葉をルーペで見ると、中肋が葉先でうねうねと蛇行する。和名の「螺旋」はその形状に由来。

[出会い率 ★★★]

コメバキヌゴケ

シノブゴケ科　***Haplocladium microphyllum***　ハプロクラーディウム ミクロフィルム

蒴開口部に内外2列
の蒴歯がある
（撮影：松本美津）
撮影：松本美津

植物体は茎から枝を密に出し、基物にはりつくように這う。雌雄同株（4月 宮崎県）

公園や庭の土上、植木鉢の中、岩上、樹幹上、朽木上など、いたる所に生育し、都市部でも見られる。にもかかわらず、植物体がとても小型で、他の大きなコケと混生することも多いため、普段はほとんど気付かれることがない。早春から蒴柄が長く伸び始め、春に蒴が成熟して赤褐色になって初めて認識されるというようなコケである。内外2列の美しい蒴歯は必見。

早春、赤褐色の蒴柄がいっせいに伸びる

生育場所：低地～低山の半日陰～日当たりの良い土上、岩上、樹幹や朽木などにも

分布：北海道～琉球／世界各地

形状・サイズ：茎は這い、密に不規則に分枝する。茎葉は長さ1.5～2㎜、葉先から中肋が突出して長く尖る。蒴柄は長く20～25㎜で赤褐色。蒴は成熟すると赤褐色になる。蒴歯は2列。帽は嘴状に尖る

メモ：近縁種はノミハニワゴケ。顕微鏡で葉の細胞の違いを見ないと正確な見分けはできないが、コメバキヌゴケよりもやや大きい傾向がある。

トヤマシノブゴケ

［出会い率 ★★★］

シノブゴケ科　***Thuidium kanedae***　ツイディウム カネダエ

植物体は日の当たり具合によって緑色〜黄色に近い黄緑色になる。雌雄異株（12月 京都府）

シダ植物を小さくしたような繊細で美しい姿と、全国で見られることから、初心者が最も覚えやすいコケの一つ。別名「アソシノブゴケ」。植物体は平らで這い、茎と細かく分かれた枝にそれぞれ不透明な緑色〜黄緑色の葉がつく。なお、湿潤時は確かにきれいだが、乾燥すると色あせて縮み、美しさは半減する。

近縁種はヒメシノブゴケ。見た目はそっくりだが、同じ林内の中でもより水気のある所を好み、渓流近くの岩上などに生育。日陰があればわりと乾いた場所も平気な本種と上手にすみわけをしている。

生育場所：低地〜山地の半日陰の岩上や地上

分布：北海道〜琉球、小笠原／朝鮮半島、中国、極東ロシア

形状・サイズ：大型で、茎は長く這い、長さ15㎝前後になることも。左右に枝がつき、その枝からまた左右に枝がついて葉を出すという規則的な分枝（3回羽状）をする。茎葉は長さ1.3〜1.6㎜、三角形で先端は長い透明尖となる。枝葉は茎葉に比べてはるかに小さく透明尖はない。蒴柄は長く3㎝前後。蒴は楕円形でやや曲がる

メモ：他の近縁種にホンシノブゴケ。とくに石灰岩地でよく見られ、大型で美しく、茎が20㎝ほどの長さになることもある。枝が茎に対して平たくつく本種と違い、枝が茎に対して放射状に伸びるのが特徴。

［出会い率 ★★☆］

ミズシダゴケ

ヤナギゴケ科　*Cratoneuron filicinum*　クラートネウロン フィリキヌム

茎は立ち上がり、枝はまばら。雌雄異株で胞子体が出ることは稀（5月 京都府）

ヤナギゴケ科のコケは極めて水に近い場所に多く、沢の湿岩上、湿地、なかには湖沼の水中で生育するものもいる。環境による変異が大きく、分類は難しい。

本種は山地の湿った地面や水場の岩上などに、つんつんと立ち上がって生えているのでよく目立つ。植物体は緑色〜明るい黄緑色で、常に水に濡れていることもあって、つややか。茎には長さの不揃いな枝がごくまばらについている。

低山の浅い水たまりに群生

生育場所：山地の日陰〜やや明るい場所の湿った地上や濡れた岩上。苔むした手水鉢などにも
分布：北海道〜九州／世界各地
形状・サイズ：大型で、茎は這い、途中から斜めに立ち上がって長さ数cm〜10cmほどに達する。葉は長さ1.5〜2mm、三角形〜卵形で葉先は長く尖る。中肋は太く、葉先近くに届く

メモ：同じヤナギゴケ科のウカミカマゴケは、屈斜路湖畔の天然記念物・マリゴケ（複数種のコケのちぎれた茎が波にもまれ、球状になったもの）を形成するコケの一つである。

アオギヌゴケ科の仲間

アオギヌゴケ科　***Brachytheciaceae***　ブラキテシアシー

ハネヒツジゴケ。全国の低地の地上や岩上に多い

キブリナギゴケ。渓谷の湿った岩上に生える

アオギヌゴケ。ハネヒツジゴケに似るがやや小さい

アツブサゴケ。やや光沢があり、樹幹や岩上に生育

アオギヌゴケ科のコケは日本に約60種が知られる。匍匐性で、地上、岩上、樹幹上などさまざまな基物に生え、手触りの柔らかそうな群落をつくるものが多い。種数が多く、形状やサイズの変異の幅も大きいため種の見分けは難しい。

とくに全国各地で普通に見られるものの、ルーペだけでは同定が困難なのが、アオギヌゴケや「○○ヒツジゴケ」の名を持つコケが集まるアオギヌゴケ属だ。コケの専門家たちでさえ「野外での同定は無理」と口をそろえるほど、一筋縄ではいかないコケが30種以上ある。

一方、本科の中でも、大型で特徴的な姿から初心者でも見分けやすいコケたちもいる。たとえばネズミノオゴケ、キブリナギゴケ、アツブサゴケなどがそうである。本書では、本科の「見分けやすいコケ」と「手ごわいコケ」の代表格として、ネズミノオゴケとナガヒツジゴケ（P116）を紹介する。

[出会い率 ★★★]

ネズミノオゴケ

アオギヌゴケ科 *Myuroclada maximoviczii* ミウロクラーダ マキシモヴィッチー

葉は湿っても茎に接したままで、乾燥時とほとんど見た目は変わらない。雌雄異株(6月 三重県)

全国の低地の郊外の石垣や、山地の岩上や石垣上、木の根元などに大きな群落をつくる。光沢のある緑色～黄緑色。茎は這い、不規則に細い枝をいくつも伸ばす。

枝にはおわん状にくぼんだ円形の葉が密に重なり合ってつき、全形が細い円錐形となる。和名の通り、群落はまるでネズミの群れがひしめき合って尾だけをこちらに向けているように見える。

このような形状になるコケは本種以外に他にないため肉眼でも見分けられ、一度見たらすぐに覚えられる。さらにかわいらしい名前も相まって、大変親しみやすいコケの一つ。

生育場所：低地～山地の日陰～半日陰のやや湿った岩上や石垣、木の根元など
分布：北海道～九州／アジア（東部～東北部）、北米西部
形状・サイズ：茎は基物を長く這い、不規則に分枝する。枝は長さ2～4㎝以上に達することも。枝葉は長さ1.5～2㎜、ほぼ円形でおわん状にくぼむ。蒴柄は15～25㎜。蒴は円筒形

 メモ：コケの愛好家たちは、本種をはじめ干支の名前を持つコケをモチーフにした年賀状を毎年送り合うとか。

ナガヒツジゴケ

［出会い率 ★★★］

アオギヌゴケ科　*Brachythecium buchananii*　ブラキテシウム ブキャナニィ

先が長く尖った葉が枝に密生し紐状に見える。混生するのはジンガサゴケ。雌雄異株（３月 兵庫県）

全国の低地の土上や岩上に最も普通に見られる。都市部でも公園や庭に普通。茎は基物を這い、多くの枝を上向きに出して柔らかいマット状の群落をつくる。

よく似た種が多く、個体変異の幅も大きいことから、同定が難しいことで有名なアオギヌゴケ属の一種。近縁種にハネヒツジゴケ、アオギヌゴケ（ともにＰ114）などがあるが、同じような場所に生え、区別は難しい。個々の違いは、本種は湿っても葉が大きく開かず常に閉じ気味で、中肋は葉の途中まで。ハネヒツジゴケは乾湿に関係なく常に葉が開き気味で、中肋は葉の途中まで。アオギヌゴケはハネヒツジゴケに似るが、中肋が長く、葉先に達する。

生育場所：低地～山地の半日陰～日当たりの良い土上、岩上、朽木上
分布：北海道～九州／東アジア
形状・サイズ：茎は長さ数cm～５cm以上、不規則に多くの枝を出す。枝は斜上し、長さ約１cm～数cmほど。枝葉は長さ1.5mm前後で、深い縦じわがあり先端が長く尖る

メモ：形はヒツジに似ていないが、柔らかそうな様子がヒツジの毛を連想させることが名前の由来かもしれない。

[出会い率 ★★★]

ヒロハツヤゴケ

ツヤゴケ科　*Entodon challengeri*　エントドン チャレンゲリ

葉は緑色〜褐色がかった緑色で乾燥するとより輝きを増す。雌雄同株。都市の公園にて（11月 東京都）

強い光沢が何よりの特徴となるコケ。低地〜山地に広く分布する。とくに樹幹や木の根元に多く、岩上にも生育。また、乾燥や大気汚染にも強いので都市部でも普通に見られる。茎は基物を這い、横に不規則に枝を出しながら平らな群落を広げていく。

近縁種はエダツヤゴケ。本種同様の光沢があるが、茎の両側から規則的にたくさんの枝を出し、土上か岩上に生えること、時に茎が赤くなることなどの違いがある。

エダツヤゴケ

ヒロハツヤゴケ

生育場所：低地〜山地の樹幹、岩上、石垣。都市部の庭木や公園にも普通

分布：北海道〜九州／東アジア、欧州、北米東部

形状・サイズ：茎は這い、長さ1〜2㎝、不規則に分枝する。葉は卵形でやや凹んで先が尖り、全縁。蒴柄は長さ約2㎝で褐色。蒴は長卵形

メモ：エダツヤゴケは土上に美しいマット状の群落をつくるため、三千院など苔庭に利用されることも多い。

オオサナダゴケモドキ [出会い率 ★★★]

サナダゴケ科　***Plagiothecium euryphyllum***　プラギオテシウム エウリフィルム

やや光沢のある緑色〜黄緑色。あまり枝分かれはしない。雌雄異株（2月 三重県）

植物体は平たく、やや光沢がある。見た目が真田紐《さなだひも》を思わせることが和名の由来だが、茎の長さは数㎝ほどで、正直なところ紐と納得できるほどの長さはない。林内の日陰の斜面の腐植土上や岩上、木の根元などに生育し、しっとりと重なり合うように大きめの群落をつくる。葉は乾いても縮れず、湿っている時とあまり変化がない。

近縁種はミヤマサナダゴケ。オオサナダゴケモドキと同じような場所に生え、一見よく似ているが、こちらは少しくぼみのある葉が茎につくため、完全に平べったくは見えない。また、葉は乾くと強く縮れる。とくに関西以西に多く分布する。

生育場所：低地〜山地の林内の日陰の斜面の腐植土上や岩上、木の根元など
分布：北海道〜琉球／朝鮮半島、中国、ベトナム
形状・サイズ：茎は這い、あまり分枝せず、長さ2〜6㎝ほど。葉は茎に平たくつき、長さ約1〜2㎜強、楕円形〜卵形で先は尖る。蒴柄は長さ3〜4㎝と長い。蒴は円筒形でやや曲がる

メモ：「モドキ」だけにオオサナダゴケも存在するが、亜高山帯に生え、絶滅危惧種のため見られることは稀。

［出会い率 ★★☆］

カガミゴケ

コモチイトゴケ科　***Brotherella henonii***　ブロテレラ ヘノニィ

濃い緑色～黄緑色。茎葉も枝葉も葉先は細く尖る。雌雄異株（4月 東京都）

全国の山地で主に見られ、とくに樹幹の下部から根元部分にかけて、つやつやとしたマット状の群落をつくる。葉に光沢がある点ではヒロハツヤゴケ（P117）と雰囲気は似るが、本種は独特の金属光沢を放つ。

また、スギの樹幹を好んで生えるのも特徴。杉林では同じくスギ好きのホソバオキナゴケ（P55）が本種の群落に入り混じっていることがよくある。

山道脇のスギの根元に群生する

生育場所：低地～山地の半日陰の木の根元や樹幹、腐植土上、岩上など。とくにスギの根元

分布：北海道～琉球／朝鮮半島、中国、極東ロシア

形状・サイズ：茎は這い、長さ2～3㎝ほど、不規則に分かれた枝が平たくつく。葉も茎と枝に平面的につき、乾湿に関係なく横に展開。茎葉は長さ約1.5㎜、卵形で先は鋭く尖る。蒴柄は長さ約1.5～2.5㎝。蒴は円筒形でやや湾曲

　メモ：和名は葉が鏡のように輝くことに由来する。でも鏡というよりは、カナブンのメタリックさに近いかも。

ケカガミゴケ

［出会い率 ★★★］

コモチイトゴケ科　*Brotherella yokohamae*　ブロテレラ ヨコハマエ

ルーペでわかる大きさではないが、葉のつけ根に枝分かれした細長い糸状の無性芽を多数つける（４月 大阪府）

低地の樹幹でとてもよく見られる普通種。

植物体はやや光沢のある緑色～オリーブ色。細長い葉が茎に放射状につき、常に茎に接しているため糸状に見える。樹幹にしっかりと接着し、マット状の群落をつくる。

近縁種はコモチイトゴケ。長いあいだ本種と同種とされてきたが、葉の形状の違いや分子系統解析の結果から現在は別属別種であることが支持されている。

ケカガミゴケ
葉先は長くならず、鎌状に曲がらない。無性芽をよくつける

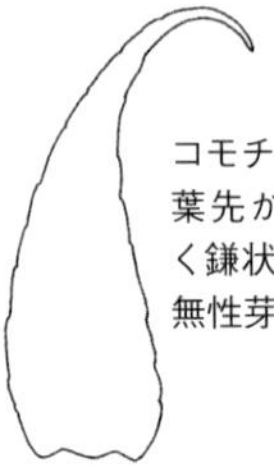

コモチイトゴケ
葉先が長く、強く鎌状に曲がる。無性芽は稀

生育場所：低地の半日陰～日当たりの良い樹幹や倒木上。大気汚染に強く都市部でも普通
分布：北海道～九州／東アジア
形状・サイズ：茎は這い、長さ1～2㎝で不規則に分枝。枝は細く、長さ5㎜前後。枝葉は長さ0.6～1㎜で細長く、先が長く鋭く尖り、乾湿に関係なく常に茎に接する。蒴柄は長さ1.5～2㎝。蒴は円筒形。蓋に長い嘴がある。雌雄異株

メモ：ケカガミゴケとコモチイトゴケは乾燥時に見ると葉の特徴が顕著に表れ区別がつきやすい。また、ケカガミゴケは都市部の街でよく見られ、コモチイトゴケは山や郊外でよく見られるという分布の違いもある。

[出会い率 ★★★]

アカイチイゴケ

ハイゴケ科　***Pseudotaxiphyllum pohliaecarpum***　プセウドタキシフィルム ポーリアエカルプム

葉は茎に平たくつき、乾燥してもあまり変化しない

渓谷の岩壁にマット状に広がった群落（12月 東京都）

植物体が緑色の時と赤紫色の時があるという面白い特徴を持つ。緑色の時は他のコケに紛れて気が付かないことが多いが、赤紫色の時はよく目立ち、匍匐性の蘚類でこのような色みを帯びるものは他にないので、見分けもしやすい。ルーペで見ると、葉のつけ根や茎頂部にねじれた糸状の無性芽がついていることが多い。

いろいろな場所で見られるコケだが、都市近郊のものは群落が小さい場合が多い。

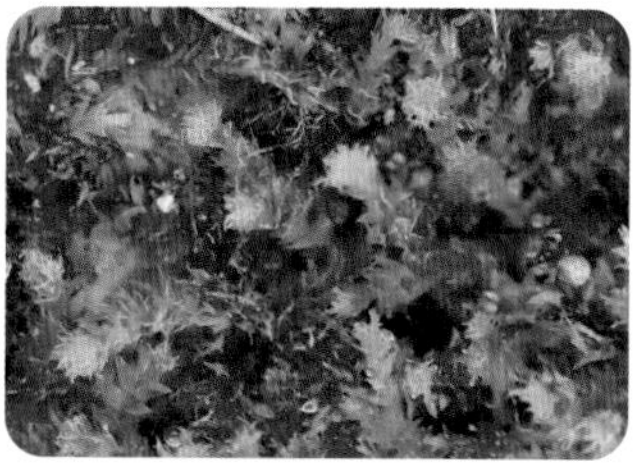

多数の無性芽が茎頂部につく

生育場所：低地～山地のやや日陰の湿った土上や岩上、木の根元。都市近郊の公園などにも

分布：本州～琉球、小笠原／アジアの熱帯～亜熱帯

形状・サイズ：茎は長さ1～2㎝、まばらに分枝する。葉は長さ1～1.5㎜で茎に平たくつき、乾いても展開する。葉先は尖るが鎌状には曲がらない。中肋は二叉して短い。雌雄異株

メモ：本書では本種を従来通りハイゴケ科としているが、近年の分子系統解析によってこれまでのハイゴケ科のコケの多くがハイゴケ科から外され、本種もどの科に属するか現在は未確定な状態になっている。

ダチョウゴケ

[出会い率 ★★★]

ハイゴケ科　*Ptilium crista-castrensis*　プティリウム クリスター カストレンシス

茎は上部が立ち上がる。見た目がダチョウの羽に似ているのが学名と和名の由来。雌雄異株（9月 山梨県）

高山に生える大型の美しいコケ。林床に大きな群落をよくつくる。茎はりりしく立ち上がって羽状に分枝し、ほぼ三角形のような姿となる。他に似た姿のコケはなく、肉眼でも見分けは容易。

なお、色は明るい場所に生えると黄色みがかなり強くなり、日陰がちな場所だと緑色が濃くなる。

やや暗い林床でシッポゴケと混生する群落

生育場所：亜高山帯～高山帯（ハイマツの林床など）の半日陰の腐植土上
分布：北海道～四国／北半球
形状・サイズ：茎は長さ5㎝以上で、途中から立ち上がる。規則的に分枝し、全体が三角形の羽状となる。枝は長さ5～10㎜。茎葉は長さ2.5～3㎜、著しく鎌状に曲がり、縦じわがある。中肋は二叉して短いか不明瞭

メモ：ハイゴケ科の再定義に伴い、本種やアカイチイゴケ、クシノハゴケ、ハイゴケ、クサゴケは現在ハイゴケ科から外されているが、本書ではひとまず従来通りハイゴケ科とした。

［出会い率 ★★★］

クシノハゴケ

ハイゴケ科　*Ctenidium capillifolium*　クテニディウム カピリフォリウム

低山の石垣に生育。雌雄異株。帽には長い毛がある（4月 東京都）

光沢のある黄緑色で、ふかふかとした柔らかな触り心地の美しいコケ。茎は這い、短い枝が不規則についている。

葉は茎にも枝にも密につき、茎葉は茎に対して90度、枝葉は枝に対して約40度の角度でつく。また、茎葉と枝葉の形・大きさがはっきりと異なっているのも特徴である。また、帽には少数の長毛がある。

蓋には短い嘴があり、帽には長毛がまばらについている

生育場所：低地～山地の岩上、木の根元、朽木上など。山道脇の日当たりの良い岩壁や石垣などに群生する姿がよく見られる
分布：本州～琉球／朝鮮半島、中国
形状・サイズ：茎葉は長さは1.6～2㎜程度、葉の形は円形だが上部だけ急に先細り、葉先はねじれる。枝葉は茎葉よりも小さくて細長く、長さ1.4～1.7㎜、卵形で上部が短く尖るのが特徴

　メモ：和名は茎に対して葉が直角に出て、規則正しく並ぶ様子が櫛の歯に似ていることに由来する。

ハイゴケ

［出会い率 ★★★］

ハイゴケ科　*Calohypnum plumiforme*　カロヒプヌム プルミフォルメ
（*Hypnum plumiforme*　ヒプヌム プルミフォルメ）

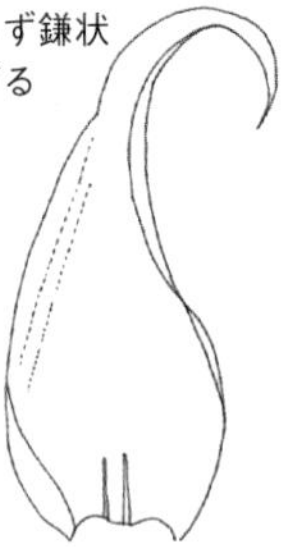
葉は乾湿にかかわらず鎌状に曲がる

乾くと枝が内向きに巻き始める

基本は光沢のある黄緑色だが、日当たりが強いと褐色がかり、弱いと緑色が強くなる（8月 鹿児島県）

日当たりの良い低地のいたる所で見られる。苔玉の主材料としても知られるコケ。乾燥に強く生命力旺盛で、都市部の公園などにも普通。芝生と混生しながら、負けない勢いで大きな群落をつくる。枝は湿っている時は左右に開いているが、乾くと内向きに巻き込むようにカールし、表情が大きく変わる。

近縁種にヒメハイゴケがある。本種より小ぶりで、山地に多く、木の根元や林道の岩上に生える。

乾燥時のヒメハイゴケ。葉は強くカールする

生育場所：低地の日当たりの良い土上、岩上、木の根元など。苔庭や社寺。芝生とよく混生する
分布：北海道～琉球／東アジア、ハワイ
形状・サイズ：茎は長さ10㎝に達し、左右に均等な長さの枝を出す。葉は密生し、茎葉は長さ1.5～3㎜、葉長の上半分から細長く尖り葉先が鎌状に強く曲がる。中肋は二叉して短い。蒴柄は長さ3～5㎝。蒴は楕円形。雌雄異株

メモ：他にも見た目がよく似たものに、本種の変種・コハイゴケがある。本種より小型で、垂直面の岩上や樹幹に生える。枝の先端に小枝状の無性芽をつけることがある。

COLUMN

苔識 ❷

ハイゴケ科にハイゴケ不在の時代!?

気になったコケを調べようと複数の図鑑を照らし合わせたとき、発行年の古い図鑑と新しい図鑑で記載されている学名（ラテン語名）や、属名、科名が異なることがある。これは古い図鑑が出版されたあとにそのコケの研究が進み、分類が変わったということだ。こうした変更が「たまにある」くらいならよいのだが、最近その頻度の高さや思いもよらぬ大幅な変更内容に困惑させられることが増えた。

主たる原因は、20世紀末頃から、植物の分類が形態形質を重視した従来の分類法から、DNA情報に基づいて生物の系統関係を推定する分子系統解析による分類法へと移り変わってきたことにある。

例えば、驚くべき変貌を遂げているのがハイゴケ科だ。チェコ共和国の研究者らによる最新の論文では、ハイゴケ科（Hypnaceae）の属の数は従来約60属（日本産は約20属）あったのがハイゴケ属（Hypnum）を残し、すべて他の科に移動している。さらにハイゴケ属も日本産だけで約20種あったのが、ハイヒバゴケなど数種が残るのみに。ハイゴケはキヌゴケ科（Pylaisiaceae）に移動し、科名にもなっているハイゴケ属（Calohypnum）べニハいまや花形不在の状態なのである。

しかし、意外にもこの事態にほとんどの研究者は「そう慌てる必要はない」と落ち着いた様子だ。なぜなら自身の論文や著作物にどの学名を採用するかは個々の研究者の判断に委ねられるべきものであり、長い時間をかけて多くの支持を得られた学説こそが最終的に分類の本流となっていくからだ。ゆえに本書も制作当初は悩んだが、ハイゴケはひとまずハイゴケ科のまま記載させてもらった。

クサゴケ

［出会い率 ★★★］

ハイゴケ科　*Callicladium haldanianum*　カリクラディウム ハルダニアヌム

新しい胞子体と古い胞子体が入り混じり、旺盛な印象（11月 青森県奥入瀬渓流）

大きなマット状の群落をつくる大型のコケ。薄い緑色～黄緑色、またやや褐色を帯びていることもある。雌雄同株でたくさんの胞子体をつける。ヒツジゴケの仲間（アオギヌゴケ科。P114）とよく似ているため見間違えやすく、慣れないうちは肉眼での区別は難しい。ただし、葉を見ると、本種は中肋がほとんどないか、二叉して短い。

「コケの三大聖地」の一つとして知られる奥入瀬渓流では、遊歩道の丸太の上に大群落が広がっていて、じつに見事である。

生育場所：山地の比較的明るい場所にある朽木や木の根元、腐植土上など
分布：北海道～四国／北半球
形状・サイズ：茎は這い、長さ5～10㎝、不規則な羽状に枝が出る。葉は艶があり、まっすぐで乾いても縮れない。蒴柄は赤褐色、長さ2～3㎝でよく目立つ。蒴は傾き、長くてアーチ状に曲がる

メモ：和名の由来は見た目の通り、植物体の様子が柔らかな草のようであることから。

[出会い率 ★★★]

オオフサゴケ

イワダレゴケ科　***Rhytidiadelphus triquetrus***　リチディアデルフス トリクウェトルス

林床から立ち上がって生えるのでよく目立つ。葉は明るい緑色〜黄緑色（5月 長野県）

イワダレゴケ科のコケは大型で山地の林床に多く、登山中によく見られる。

本種は亜高山帯の林床に生育しており、植物体が威勢よく立ち上がっているので、目に留まりやすい。葉が茎の頂部から枝先にいたるまで豊富につき、茎の左右から出る枝は茎頂部から下部に向かってだんだんと長くなっているので、その風貌はどこかミニチュアのクリスマスツリーを思わせる。モコモコとして、いかにも柔らかそうだが、実際は茎がわりと硬い。雌雄異株。

枝は茎中部が最も長くなる

生育場所：亜高山帯の林内の腐植土上
分布：北海道〜四国／北半球
形状・サイズ：茎は高さ15㎝ほどに達し、不規則に分枝する。毛葉はない。葉は茎にも枝にもつき、茎葉は長さ約4㎜、広めの卵形で先は尖る。湿潤時も乾燥時も葉は開いたままとなる

メモ：和名は植物体の様子から付けられたとか。たしかに茎頂部は大きな房が垂れているように葉が密生する。

イワダレゴケ

[出会い率 ★★★]

イワダレゴケ科　***Hylocomium splendens***　ヒロコーミウム スプレンデーンス

葉は光沢のあるオリーブ色に近い黄緑色〜明るい黄緑色。茎は赤褐色（9月 長野県）

かなり大型で羽のように枝を広げて重なり合い、林床を覆い隠すほど大きな群落をつくる。とくに亜高山帯〜高山帯の針葉樹林の林床では主役級のコケである。

主となる茎の途中から1年に1本ずつ新芽が出て、それが次の年の茎となり、階段状に生長を続けるのが特徴。何段あるかを数えれば、そのコケが何年モノなのかがわかる。このような独特の形状から肉眼でも簡単に見分けられる。雌雄異株。

この植物体で3年モノ

生育場所：山地〜高山帯。とくに針葉樹林の林床や岩上、木の根元、倒木上など
分布：北海道〜九州／北半球、ニュージーランド
形状・サイズ：茎は高さ約3㎝以上で、時に20㎝以上。平たく分枝しながら年次生長する。茎葉は卵形で、先端で波打ちながら尖ることが多い

メモ：英名は「STAIR−STEP MOSS」。本種が階段状に年次生長することを表している。

［出会い率 ★★☆］

フトリュウビゴケ

イワダレゴケ科　*Loeskeobryum cavifolium*　ロースケオブリウム カウィーフォリウム

山道脇の斜面の岩上にて。緑色が濃く丸い枝先の部分は新芽。雌雄異株（4月 東京都）

山地の日陰の地上や岩上に光沢のある緑色～黄褐色の厚い群落をつくる。茎は赤褐色で10㎝に達するほど長く伸び、不規則に太い枝を伸ばす。和名の由来は、この太い枝を竜の尾に見立てたもの。

イワダレゴケと同じく年次生長するコケで、茎の途中から毎年1本ずつ新しい茎を伸ばしている。

毎年新しい茎が伸びて階段状となる

生育場所：山地の日陰の湿った腐植土上、地上や岩上

分布：北海道～九州／朝鮮半島、中国

形状・サイズ：大型で、茎は赤褐色で長さ10㎝以上、毛葉がたくさんつき、不規則に分枝する。枝葉は丸く重なり合い、乾いても開いたまま。茎葉は長さ約3㎜、広い卵形でくぼみがあり、葉先は急に細く尖る。枝葉は茎葉の形状と似て長さ1.5～3㎜。蒴柄は長さ2～2.5㎝

メモ：ルーペで茎を見ると、葉以外にも毛葉《もうよう》と呼ばれる枝分かれした毛がついているのがわかる。

COLUMN

苔識

3

森のナースログ

森を歩いていると、台風などで吹き倒された木が転がっているのを見かける。このような風倒木は、朽ちていくだけの無駄なもののように見えるが、じつは違う。そこにコケが着生すると、コケのマットをゆりかごに大木の実生が育つ。菌類やバクテリアが繁殖し、虫の住みかとなる。さらに虫を狙った鳥や動物の餌場になり、彼らの糞は土壌の肥やしとなる。

こうして風倒木は自らが大地に還るまでに無数の命を助ける看護師のような役割をすることから、英語で「ナースログ」と呼ばれる。無駄どころか、森の貴重な資源なのだ。さらに最近の研究では、倒木上の生物にはより多様で複雑なネットワークが存在することもわかっていて、ますます興味深い。

ところで、採集したコケを入れる採集袋には、生育地情報を記入する欄があり、「倒木／腐木」の選択肢がある。一般的に、腐って倒れた木も「倒木」と呼ぶため、昔は採集の際、よく選択に迷った。

コケ観察の世界では、倒木はまだ樹皮がはがれておらず、表面が生木に近い硬さがある状態を指す。一方、腐木（朽木）は樹皮がはがれ、心材まで腐朽菌によって分解が進み、全体的に水気を含んだスポンジのように湿っていて軟らかい。採集の際のご参考になれば。

手前が腐木（朽木）、奥が倒木

苔類《たいるい》

Liverworts

多くの種は小型。それだけに
ルーペで観察する醍醐味を味わえる。
見分けには、腹葉や腹鱗片などがある
植物体の腹面の観察が欠かせない。

ツノゴケ類《るい》

Hornworts

種数はコケ植物全体のわずか約1%。
出会えただけでラッキーな気分になれる。
探す時は、ツノ状の蒴が何よりの目印。

ムクムクゴケ

［出会い率 ★★☆］

ムクムクゴケ科　*Trichocolea tomentella*　トリココレア トーメンテラ

シーロカウレには長毛が密生。
楕円形の蒴が中から出つつある

植物体は黄色みが強い緑色。蒴はシーロカウレと呼ばれる胞子体保護器官に包まれる（3月 三重県）

「ムクムク」という名前の通り、全体が毛で覆われ、枝先が丸いため、まるでイヌやネコの足のような雰囲気がある。毛のように見えるのは、細かく裂けた葉が枝に密に並んでいるからで、やや乾いた状態の植物体をルーペで見ると、その様子がわかる。ムクムクゴケの仲間は最近の研究で日本に5種あることがわかっている。本種は全国の落葉・常緑広葉樹林でよく見られる。

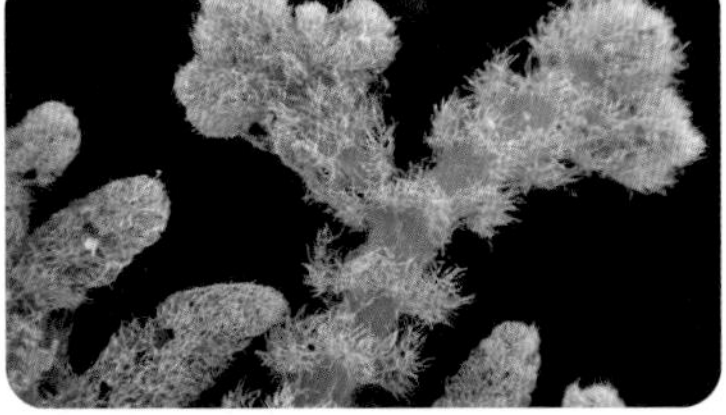

細かく裂けた葉が密に並び毛のように見える
（撮影：左木山祝一）

生育場所：低地～山地の半日陰の地上や倒木上、岩上など。他のコケの群落に重なって覆うように生えることもある

分布：北海道～九州／北半球・東南アジア

形状・サイズ：茎は這い、長さ約2～5㎝前後、規則的に分枝する。葉は長さ約1㎜、幅約1.5㎜、細かく裂けて長毛状となる。雌雄異株

メモ：日本産ムクムクゴケ科は、本種に加え、ハネムクムクゴケ、イボムクムクゴケ、コムクムクゴケ、イリオモテムクムクゴケの5種が知られる。

[出会い率 ★★★]

スギバゴケ

ムチゴケ科　*Lepidozia vitrea*　レピドジア ウィトレア

茎に小さな葉がつく

沢の湿った岩上に群生する。植物体は淡い緑色〜黄緑色。胞子体は稀（11月 兵庫県）

ムチゴケ科のコケは、植物体の裏面（腹面）に、下向きに伸びる細い鞭状の枝・鞭《べん》枝《し》を持つことが多い。茎は二叉状に伸びたり、羽状に広がったりする。

スギバゴケは、湿度の高い沢や滝の近くの岩上、倒木上などに生育。基物をヴェールのように柔らかく覆って大きな群落をつくり、繊細で優雅な姿が印象的。肉眼だと茎と枝しかないように見えるが、ルーペで見ると葉先が3〜4裂した小さな葉がついているのがわかる。形がよく似たものにコスギバゴケ。茎の長さが0.5〜2cmほどとより小型で、北海道〜琉球に分布。

生育場所：低地〜山地の半日陰の岩上や地上、倒木上など

分布：本州〜琉球／東アジア

形状・サイズ：茎は長さ1.5〜4cm、不規則に分枝し羽状となる。葉は小さく、長さ0.2〜0.5mm、幅0.2〜0.5mmで茎の径とほぼ同じ。茎に斜めについて平たく展開する。葉と葉は接して、またはやや離れてつく。腹葉は葉と同様に小さく、葉先が3〜4裂する。雌雄異株

メモ：西南日本の渓谷に生育するものは、時に枝の先端が鞭状に伸びることがある。

ムチゴケ

[出会い率 ★★★]

ムチゴケ科　***Bazzania pompeana***　バッサーニア ポンペアナ

植物体は深緑色～オリーブがかった緑色（8月 三重県）

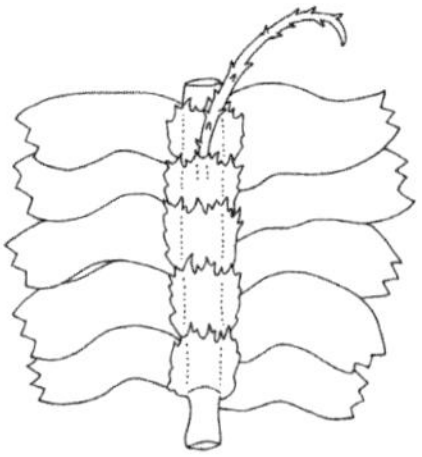

ムチゴケ（腹面）
腹葉は縁に不規則な鋸歯があり、湿潤時は透明だが乾燥時は白くなる

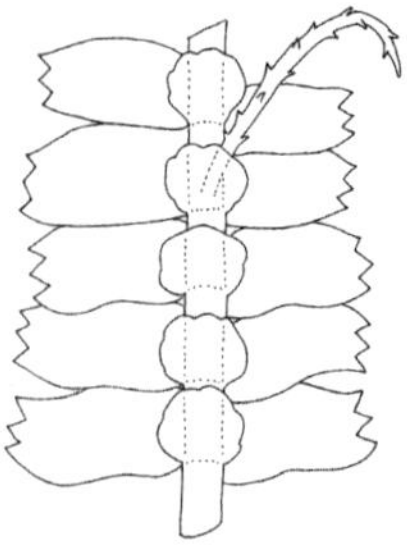

コムチゴケ（腹面）
腹葉は先端が丸くなり、湿潤時は透明だが乾燥時は白くなる

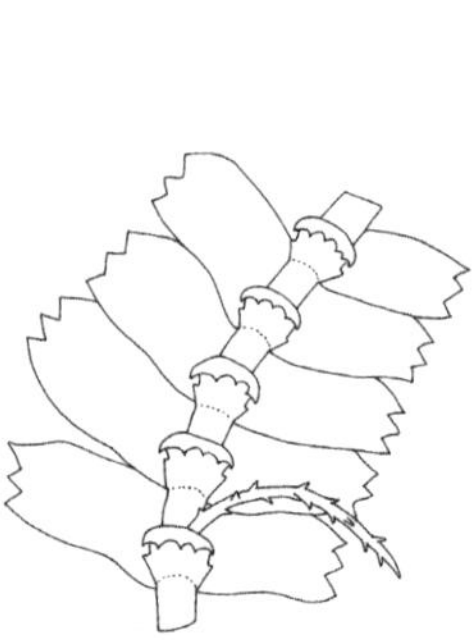

ヤマトムチゴケ（腹面）
腹葉は先端に鋸歯があり、外側に反り返る。色は葉と同じ色

茎はY字形で、茎の下から鞭枝が垂れ下がる大型のコケ。裏面（腹面）には大きな腹葉がつき、透明で先端に複数の歯がある。

近縁種はコムチゴケとヤマトムチゴケ。茎の長さがコムチゴケは1～3㎝、ヤマトムチゴケは3～5㎝と本種よりやや小型だが、背面を見ただけでは見分けは難しい。必ず腹面の腹葉の形を確認する。

生育場所：低地～山地の林床や岩上、樹幹上、山道沿いなど
分布：本州～琉球／東アジア
形状・サイズ：茎は長さ1～12㎝に達することもあり、腹面から鞭枝を出す。葉は長さ2.5～3.5㎜、幅2～2.5㎜で茎に密に規則正しく並び、葉先に3個以上の歯がある。腹葉は幅が茎径の約2～3倍で、透明で先端が重鋸歯状となる。雌雄性は不明

メモ：鞭枝は枝が変形したもの。ひょろりとして糸のようだが、小さな突起状の葉がつき、下向きに伸びる。

[出会い率 ★★★]

チャボホラゴケモドキ

ツキヌキゴケ科　*Asperifolia arguta*　アスペリフォーリア アルグータ
（*Calypogeia arguta*　カリポゲイア アルグータ）

こんなに小さい
（ほぼ実寸）

植物体は青緑色〜黄緑色で薄い質感。細長い黄緑色のコケは別種の蘚類（11月 兵庫県）

日陰の湿った土上に薄く広がって群生する。茎頂部に丸い無性芽の塊をよく突き上げているので、小型ながら存在感がある。なお、ツキヌキゴケ科のコケはこのような無性芽のつけ方をするものが他にもある。葉先の形に種の違いが現れる。

〈低地でよく見られるツキヌキゴケ科〉

チャボホラゴケモドキ:U字形に2裂

トサホラゴケモドキ:小さな歯が2つ

フソウツキヌキゴケ:丸く尖りがない

生育場所：低地〜山地の日陰〜半日陰の湿った土上。稀に倒木上にも
分布：北海道〜琉球、小笠原／北半球
形状・サイズ：茎は這い、長さ約1㎝、ほぼ分枝しない。葉は長さ0.5〜1㎜、舌形〜三角形で先端が浅く広いU字形に顕著に2裂する。腹葉は小さく深く2裂する。無性芽が豊富。雌雄異株

メモ：苔類の多くの種には顕微鏡で葉の細胞内を見ると「油体《ゆたい》」と呼ばれる球状の構造物があり、その色や形の違いも分類に重要となる。本種の場合、各細胞に2〜5個の小さな粒状の油体が見られる。

オタルヤバネゴケ

［出会い率 ★★★］

ヤバネゴケ科　*Cephalozia otaruensis*　ケファロジア オタルエンシス

葉はハサミのように大きく切れ込む。徒長した茎の先端に無性芽がついている（9月 京都府）

植物体の長さは1㎝まで、幅は1～2㎜ほどと極めて小型。透明感のある淡い緑色～暗い緑色だが、しばしば赤みを帯びる。葉は茎にやや斜めについて、葉長の半分くらいまではっきりと大きくU字形に2裂する。和名はその様子が弓矢の矢羽根に似ていることに由来している。なお、腹片《ふくへん》や腹葉はない。

全国の低地～高地の土上や倒木上に小さめの群落をつくり、林床に転がっている倒木をじっくり観察していると見つかることが多い。小型ながら細胞が大きく、葉をルーペで見ると、粒々とした細胞の形が確認できる。

生育場所：低地～高地の日陰の湿った土上、倒木上
分布：北海道～琉球、小笠原／台湾、樺太
形状・サイズ：茎は這い、長さ約5～10㎜、しばしば分枝する。葉は円形でやや内側にくぼみ、葉長の半分くらいまでU字形に2裂し、先は尖る。また葉と葉はやや離れるか、やや接し合ってつく。花被は長毛状。雌株の生殖器官は茎や枝の頂部につく。雌雄異株

メモ：倒木観察は面白い。コケをはじめ、キノコ、粘菌など、そこは小さくも美しい生き物たちの宝庫である。

[出会い率 ★★☆]

フクロヤバネゴケ

ヤバネゴケ科　*Nowellia curvifolia*　ノウェリア クルイーフォリア

葉は2裂し、先端が長毛状となる

胞子体は春に伸びる。造卵器を保護する花被は赤褐色の紡錘形

葉の美しい連なりは、まるでビーズアクセサリーのよう(1月　鹿児島県屋久島)

低山から高山まで全国の朽木に生育。植物体は淡緑色〜黄緑色の場合もあるが、赤褐色になることが多い。葉の縁が内側に強く巻きこんで袋状に膨らみ、やや重なり合いながら茎に横につくのが特徴。

茎は糸のように伸びてマット状の群落をつくるが、朽木の色と同化して意外と人の目にとまらない。心材が残っているような比較的硬い材を好む傾向がある。

スギの朽木に群生

生育場所：山地の湿った朽木
分布：北海道〜琉球／北半球
形状・サイズ：茎は長さ7〜15㎜。葉の基部は袋状となり、葉の長さの1/2まで広くU字形に2裂して針状に伸び、先端が長毛状となる。腹葉はない。無性芽は枝先につく。雌雄異株

 メモ：近縁種に葉先の長毛が短いフクレヤバネゴケ。日本では屋久島のみに分布するが、めったに見られない。

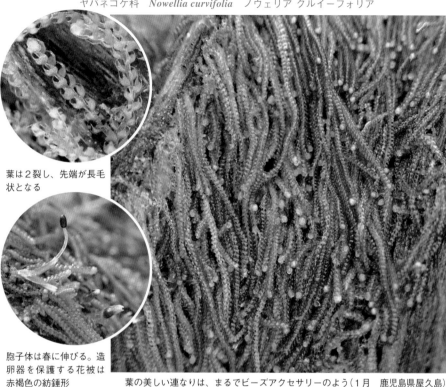

クチキゴケ

[出会い率 ★★★]

ヤバネゴケ科　*Odontoschisma denudatum* subsp. *denudatum*　オドントスキスマ デーヌーダートゥム デーヌーダートゥム

植物体は光沢のある緑色か、黄褐色～赤褐色。乾燥時は白緑色となる。雌雄異株（12月 京都府）

全国の低山から高山に分布。茎は鞭状に伸びて基物を這い、しばしば茎先が立ち上がる。葉は丸く、やや重なり合ってつき、乾燥時は閉じ気味になる。

山道脇に長く放られているような湿った朽木でよく見かける。晩秋から冬にかけて無性芽が赤く色づくと、初心者でも見つけやすい。

朽木の表面全体を覆い尽くした大群落

生育場所：低山～高山の湿った朽木
分布：北海道～九州／北半球
形状・サイズ：茎は長さ1～2㎝、幅1～3㎜。枝分かれは少ない。葉は広卵形でやや凹み、やや重なり合ってつき、茎先に向かって小さくなる。腹葉は肉眼ではわからないほど微小。花被は紡錘形で、腹面から出る短枝につく。無性芽は枝先につき、白緑色～赤褐色

メモ：2010年代からクチキゴケ属は分類学的再検討が行われ、これまで日本産は本種を含む3種が知られていたが、いまは7種が認められている。また、クチキゴケ以外に分布の狭い2亜種が知られる。

[出会い率 ★★☆]

シフネルゴケ

ヤバネゴケ科　*Schiffneria hyalina*　シフネリア ヒアリナ

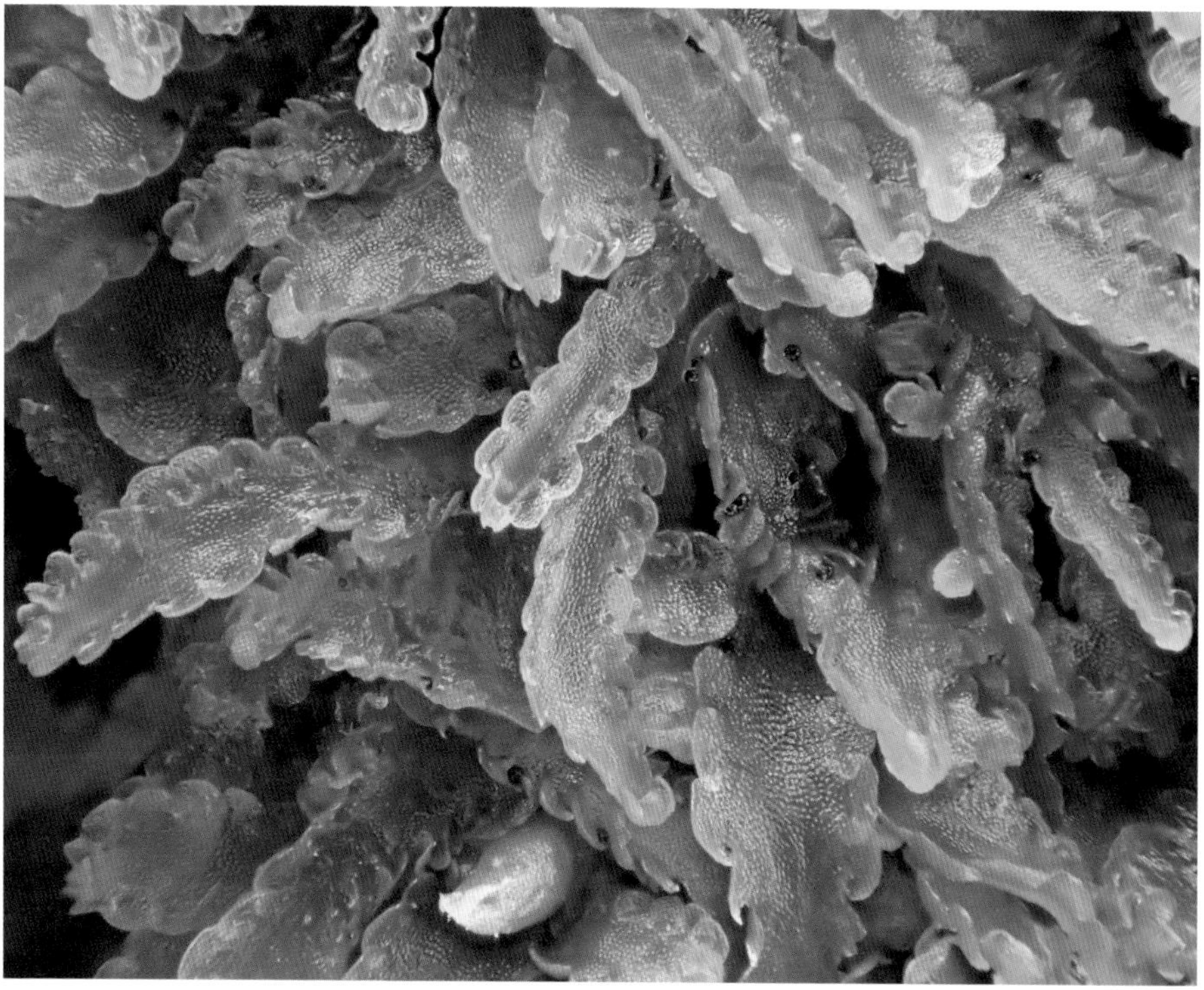

フリルのような葉が特徴。白緑色〜緑色でつややか、やや透きとおる。雌雄異株（3月 三重県）

ヤバネゴケ科の中では大型。朽木やスギの根元などによく純群落をつくる。茎は薄く扁平で、葉状体のように見える。葉の形もヤバネゴケ科のコケながらヤバネ（矢羽）とはかけ離れた半円形であることから、他種との見分けは容易。

華のあるコケだが、風景の中で見ると思ったよりも小さくて地味。生育環境を図鑑で確認してから探すことをお勧めする。

触ると崩れそうな朽木に生育する群落

生育場所：常緑樹林の湿った朽木や樹木の根元

分布：本州〜琉球／東アジア〜東南アジア、ヒマラヤ

形状・サイズ：茎は長さ2〜3㎝、幅2〜3㎜、扁平で葉状体のように見える。葉は半円形で前後の葉と少し重なる。腹葉はない。花被は紡錘形で、腹面から出る短枝につく。胞子体は春に伸びる。無性芽はない

 メモ：学名・和名はオーストリアのコケの研究者 V. F. Schiffner（1862-1944）に由来する。

オオホウキゴケ

[出会い率 ★★☆]

ソロイゴケ科　***Solenostoma infuscum***　ソレノストマ インフスクム
（***Jungermannia infusca***　ユンゲルマニア インフスカ）

植物体は緑色～黄緑色。しばしば赤みを帯びることもある（7月 神奈川県）

ツボミゴケ科は国内に90種以上が知られる大きなグループである。

その中でも本種は、低地の半日陰の湿った岩上や土上、道脇の斜面などでわりと普通に見られるコケである。小型ながら、規則正しく並んだ葉は大きく開き、ルーペで見るととても美しい。

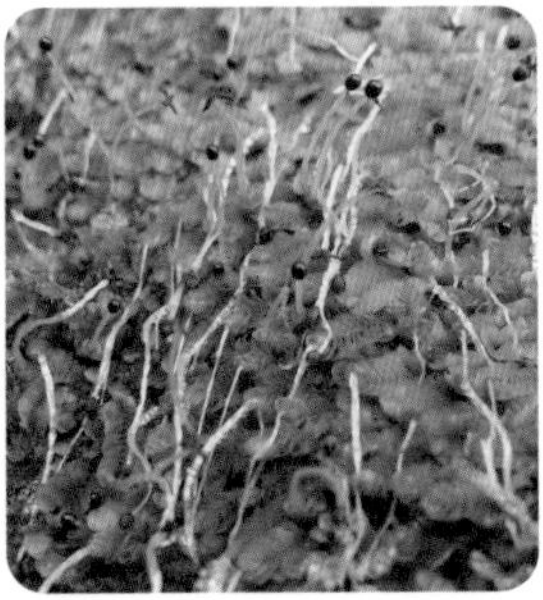

早春に胞子体を伸ばした群落

生育場所：低地～山地の半日陰の湿った岩上や土上、土手、道脇の斜面など

分布：本州～九州／東アジア

形状・サイズ：茎は這うか、やや斜めに立ち上がり、長さ2～3㎝、分枝はしない。無色～紫色の仮根が多くつく。葉は長さ約1～3㎜、卵状舌形で葉縁は全縁、大きく開いて密に重なる。腹葉はない。雌株の生殖器官は茎頂部につく。花被は円錐形で数本のひだがあってねじれており、雌苞葉からあまり突出しない。雌雄異株

メモ：個人的には青臭いような匂いを感じる。苔類の匂いは葉の細胞内にある油体が関係している。

[出会い率 ★★★]

アカウロコゴケ

ミゾゴケ科　*Nardia assamica*　ナルディア アッサミカ

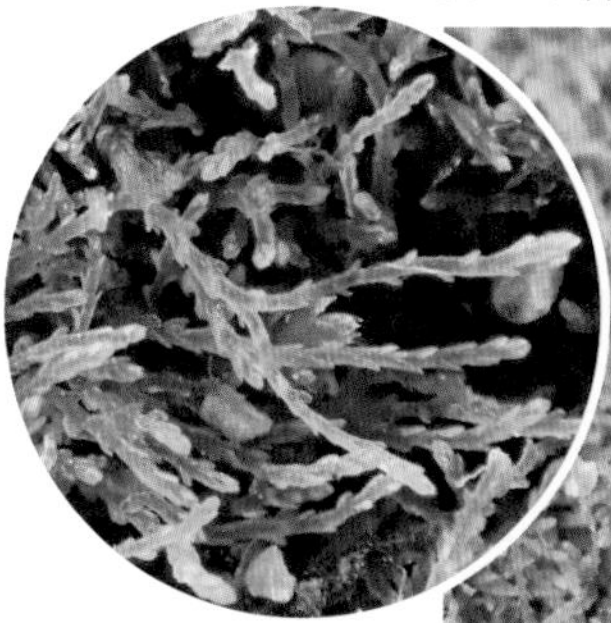

葉は小さく植物体は糸のよう

蒴を包む花被は葉よりも大きい。青い盤状のものはミドリコケビョウタケ

植物体は黄緑色～赤褐色。冬に赤くなることが多い。雌雄異株(11月 京都府)

土砂崩れなどでできた裸地に先駆的に生えるコケの一種として知られるが、他のコケが侵入する隙がないような、掃き掃除が行き届いた社寺の境内でもよく見かける。小型なコケゆえ、箒の穂先では掃ききれないのかもしれない。

社寺で土上がうっすらと緑がかっている場所には、本種がいる可能性がある。

寺の境内に群生

生育場所：針葉樹林帯より下部～低地。日当たりの良い、またはやや日陰の湿った土上。平坦な裸地、土手、崖など
分布：北海道～九州／東アジア、コーカサス
形状・サイズ：茎は長さ0.5～1.5㎝、分枝は少ない。葉は広卵形～半円形で全縁、茎から斜めに開く。葉と葉はやや離れてつくか、やや接する。腹葉は茎の同幅、基部から仮根が出る。花被は紡錘形

メモ：ミドリコケビョウタケはコケに寄生する菌類で、主に小型苔類の群落に見られる。

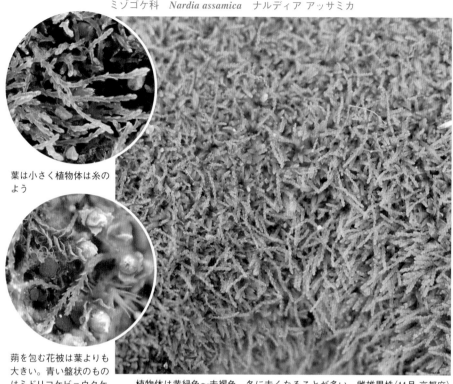

チャボヒシャクゴケ

［出会い率 ★★☆］

ヒシャクゴケ科　*Scapania stephanii*　スカパニア ステファニー

葉はもとは黄緑色で、赤く色づかない場合もある。雌雄異株（4月 東京都）

ヒシャクゴケ科のコケは背片《はいへん》が小さく、腹片が大きいのが特徴で、表面（背面）から見ると、背片の後ろから腹片が大きくはみ出している。

本種は植物体が赤く色づく美しいコケで、湿った岩から斜めに立ち上がって群生する。日陰よりは開けた明るい場所を好み、湿っていれば直射日光が当たるような山道沿いの斜面などでも見られる。

植物体の背面：背片が小さく腹片が大きい

生育場所：低地〜山地の日当たりの良い湿った岩上や山道の斜面、崖など
分布：本州〜琉球／東アジア
形状・サイズ：茎はやや先が立ち上がり、長さ1〜2㎝、ほとんど分枝しない。葉は小さな背片と大きな腹片があり、両片とも縁に弱い鋸歯がある。腹葉はない

メモ：よく似たコケにシタバヒシャクゴケ（*Scapania ligulata*）があり、コケ研究者の中にはチャボヒシャクゴケと同種とみなすこともあるが、本書では別種とする見解に従う。

［出会い率 ★★☆］ノコギリコオイゴケ

ヒシャクゴケ科　*Diplophyllum serrulatum*　ディプロフィルム セルラートゥム

幾何学模様のようなユニークな葉の配列は一度見たら忘れない。雌雄同株（11月 兵庫県）

植物体は黄緑色～黄褐色。大きな腹片が小さな背片を背負っている様子を「子負い」と見立て、さらに腹片・背片の縁全体に鋸歯があることから「鋸《のこぎり》子《こ》負苔《おいごけ》」。低地～低山の斜面でよく見られる。

同属のコケにコオイゴケやシロコオイゴケなど6種が知られる。いずれも背片・腹片の先端が本種のように尖らず、より標高の高いところに分布している。

植物体は古くなり褐色だが、茎頂部に黄緑色の無性芽をつけている

生育場所：低地～低山。やや明るい斜面の土上。山道脇、社寺や自然公園の道脇など

分布：本州～九州／東アジア

形状・サイズ：茎は長さ0.5～1㎝。腹片は長舌形でやや曲がり、長さ0.7～1.2㎜。背片の長さは腹片の1/2。腹片・背片ともに先端は尖り、縁全体に小さな鋸歯がある。腹葉はない。無性芽が茎頂部にできる

 メモ：和名の旧名はノコギリフタエウロコゴケ（鋸二重鱗苔）。やはり腹片と背片が重なる様子を表している。

イボカタウロコゴケ

[出会い率 ★★☆]

カタウロコゴケ科　*Mylia verrucosa*　ミリア ウェルーコーサ

植物体は黄緑色。茎頂部付近の葉が赤みを帯びることもある。雌雄異株（9月 北海道）

主に亜高山帯の岩上や朽木上、腐植土上で見られる。茎葉体の苔類としては大型。長い舌のような形の葉が規則正しく並ぶ姿が美しく、とくに朽木上では大きなマットをつくるので見つけやすい。

近縁種はカタウロコゴケ。同じような場所に生育するが、葉は円形～卵形。さらに胞子体を包む花被の突起がまったくないことで区別ができる。

花被は茎か枝の頂部から出る。蒴はほぼ球形

生育場所：山地帯～亜高山帯のやや日陰の岩上、朽木上、腐植土上

分布：北海道～九州／シベリア～ヒマラヤ

形状・サイズ：茎は長さ2～3㎝。葉は長舌形で縁が外側に反る。腹葉は小さく線形で、仮根に埋もれる。花被に多数の突起があり、下部は円筒形、上部は平たい。無性芽はない

メモ：他の近縁種にナメリカタウロコゴケがある。葉は本種と同じく長舌形だが、花被に突起がなく、屋久島のみに産する。

[出会い率 ★★★]

オオウロコゴケ

ウロコゴケ科　*Heteroscyphus coalitus*　ヘテロスキフス コアリトゥス

渓谷の湿った岩上に生育。雌雄異株（3月 三重県）

〈低地でよく見られるウロコゴケ属〉

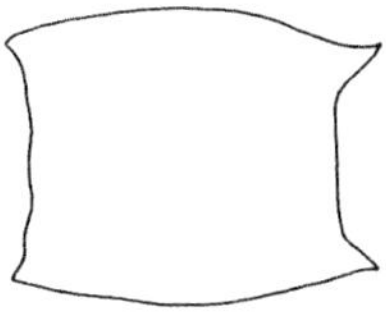

オオウロコゴケ：葉がほぼ長方形で、肩に歯が1つずつ

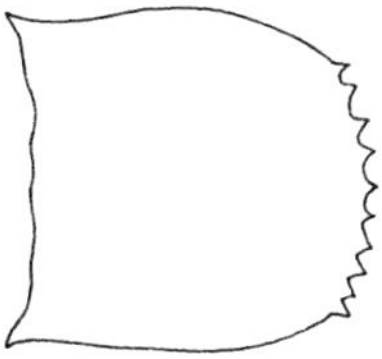

ウロコゴケ：葉先に丸みがあり、歯の大きさが同じ

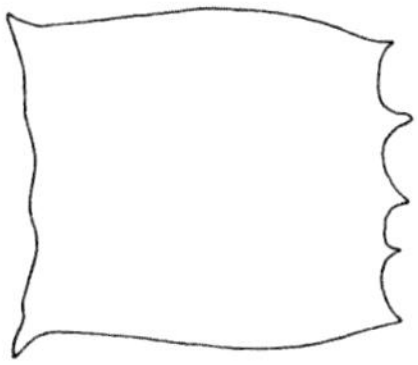

ツクシウロコゴケ：2種より小型、歯の大きさは不揃い

全国の低山や渓谷などの湿った岩上や土上によく見られる。植物体は灰緑色～黄緑色でややくすんでいる。苔類としては大型で、長さ5㎝以上になることも。ウロコゴケ属の中では最も見つけやすい。

なお、本種同様に全国の低地～山地に分布する近縁種が他にも2種ある。葉先の形に種の違いが現れる。

生育場所：全国の低地～山地、渓谷のやや日陰の湿った岩上、土上、朽木上。水中にも

分布：北海道～琉球／東アジア、豪州

形状・サイズ：茎は長さ2～5㎝内外。葉は平たく、ほぼ長方形で両肩に1つずつ歯がある。水辺に生える個体の葉は稀に歯を欠くことがある。腹葉は小さく、4裂し、基部は左右の葉としばしば繋がる。無性芽はない

メモ：和名の由来は葉の連なりが鱗のように見えることから。ウロコゴケ科の中でも小さく丸い葉をもつ種はこれにあてはまるが、本種については鱗よりも猫の耳やトトロのシルエットを連想させる。

ヒメトサカゴケ

［出会い率 ★★★］

ウロコゴケ科　*Lophocolea minor*　ロフォコレア ミノル

植物体は白緑色～黄緑色で薄い質感。小型で、長さ１～２㎝、幅１～２㎜ほど（12月 神奈川県）

全国の低地～山地に広く分布し、日陰～半日陰の樹幹、朽木、岩上、土上などにはりついて生える。低地でよく見られる普通種。とはいえ、とても小さいため、いざフィールドで見つけようと思うと意外と難しく、他のコケを見ていて、気付いたら視界に入っていたなんてことがよくある。

小型で、薄い質感の白緑色の苔類は他にいくつもあり、慣れないうちはそれらを区別するのは難しい。しかし本種は葉の縁によく無性芽をつけ、しばしば葉の縁全体が粉をふいたように見えることから初心者でも見分けやすい。

生育場所：低地～山地の日陰～半日陰の樹幹、朽木、岩上、土上
分布：北海道～琉球、小笠原／北半球の温帯
形状・サイズ：茎は這い、長さ1～2㎝、あまり分枝しない。葉は長方形で、先端が浅く2裂する。腹面には深く2裂した腹葉がある。雌雄異株。葉縁に頻繁に無性芽をつけ、多い時には粉をふいたように見える

メモ：本種を指でこすると薬っぽいツーンとした匂いがする。「トサカ」の名は花被の口部に歯があることから。

[出会い率 ★★☆]

マルバハネゴケ

ハネゴケ科　***Plagiochila ovalifolia***　プラギオチラ オウァーリフォリア

植物体は淡い緑色～黄緑色。葉は光を透過させて美しい。雌雄異株（11月 青森県奥入瀬渓流）

ハネゴケ科は、茎がしっかりとしていて基物からやや立ち上がる、もしくは直立し、植物体の全形がはっきりとわかるものが多い。また、腹葉が痕跡的なのも特徴である。

本種は全国に分布し、渓谷の湿った岩上でよく見られる。茎は基部は這うが、途中から斜めに立ち上がるか、直立する。その名の通り葉の縁に丸みがあり、葉縁には25～35個の小さな歯が並んでいる。

近縁種はコハネゴケ。こちらは葉の丸みに欠け、葉の縁には10個以下の大きな歯が不規則に並ぶこと、葉が落ちやすく茎だけの状態にもなることなどの違いがある。ただし、両者を含むハネゴケの仲間は生育環境によってサイズや形状の変異が大きいため、見分けが難しい場合もある。

生育場所：渓谷の湿った岩上や崖、転石
分布：北海道～琉球／東アジア
形状・サイズ：茎は長さ3～5㎝、あまり分枝しない。葉は長さ2～3㎜ほど、卵形で葉縁は丸みがあり、25～35個の小さな歯が並ぶ。雌株の生殖器官を覆う花被は口が広く、縁が鋸歯状となる

苔類ハネゴケ科

 メモ：ハネゴケ属は世界に700種以上もあり、蘚苔類の中で最大の属となる。

クビレケビラゴケ

［出会い率 ★★☆］

ケビラゴケ科　*Radula constricta*　ラドゥラ コーンストリクタ

植物体は淡緑色～黄緑色、植物体同士が重なり合いながら群生する。雌雄異株（6月 大阪府）

ケビラゴケ科のコケは匍匐し、基物にぺったりと密着した群落をつくるのが特徴である。葉は2つに折りたたまれ、大きな背片と小さな腹片に2裂する。腹葉はない。日本に24種が知られる。

なかでも本種は低地の樹幹や岩上などでよく見られる普通種である。円形の背片の縁に明るい黄緑色の円盤状の無性芽をたくさんつけることから、ルーペでも同定しやすい。

背片は円形。縁に無性芽がつく

生育場所：低地のやや明るい～半日陰の樹幹、岩上など
分布：北海道～九州、小笠原／東アジア～ヒマラヤなど
形状・サイズ：茎は長さ1～2㎝。背片は円形で、縁に無性芽を豊富につける。上下の背片は重なり合ってつく。腹片は小型で方形。腹葉はない。雌株の花被はへら形。無性芽は盤状

メモ：近縁種はヤマトケビラゴケ。同じような場所に生え、見た目も似るが、青緑色で無性芽がない。

[出会い率 ★★☆]

テガタゴケ

テガタゴケ科　*Ptilidium pulcherrimum*　プティリディウム プルケリムム

葉の各裂片から長毛が5～10本出る

花被は茎頂部から出る。蒴は卵形

植物体は黄緑色。古い茎葉は褐色になる。雌雄異株（9月 北海道）

亜高山帯以上の森の樹幹や倒木上に見られる。葉は3～4裂に切れ込み、各裂片の縁から長毛が出るのが特徴。毛羽立った群落はムクムクゴケ科やサワラゴケ科と似るが、葉の形は大きく異なる。

テガタゴケ（テガタゴケ科）：葉は不等に3～4裂し、各裂片に5～10本の長毛

ムクムクゴケ（P132。ムクムクゴケ科）：葉は4裂し、先が細かく裂けて長毛状

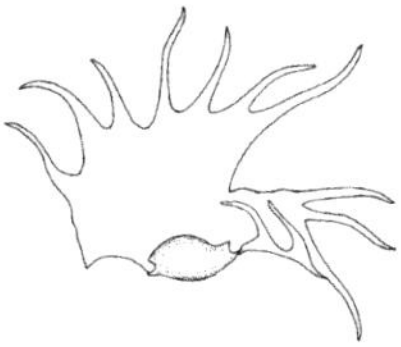

イヌムクムクゴケ（サワラゴケ科）：葉は不等に2裂し、縁に長毛。葉の一部が袋状になる

生育場所：亜高山帯以上の樹幹や倒木上
分布：北海道～九州／北半球の冷温帯
形状・サイズ：茎は長さ2～3㎝、不規則に枝分かれする。葉は3～4裂に深く切れ込み、各裂片の縁から5～10本の長毛が伸びる。雌株の花被は紡錘形、茎頂部から出る

メモ：テガタゴケ科は他にカリフォルニアテガタゴケ、ケテガタゴケの2種がある。葉の裂片の縁の長毛がカリフォルニアテガタゴケは2～3本のみで、ケテガタゴケは本種よりも長毛が密生する。

クラマゴケモドキ

[出会い率 ★★★]

クラマゴケモドキ科　*Porella perrottetiana*　ポレラ ペロッテーティアナ

植物体は緑褐色。湿っていると羽を広げたように優美だが、乾くと著しく縮れて黒っぽくなる（3月 三重県）

クラマゴケモドキ科のコケの葉は大きな背片と小さな腹片との2つに分かれて折りたたまれ、さらに茎の腹側には腹葉が並ぶ。苔類としては大型な種が多い。

クラマゴケモドキは、茎は生長が良いと10cmに達し、岩や樹幹から垂れ下がって大きな群落をつくる。

「〇〇クラマゴケモドキ」という名の近縁種が複数あるが、背片・腹片・腹葉のすべてに長毛があるのは本種ならではの特徴となる。

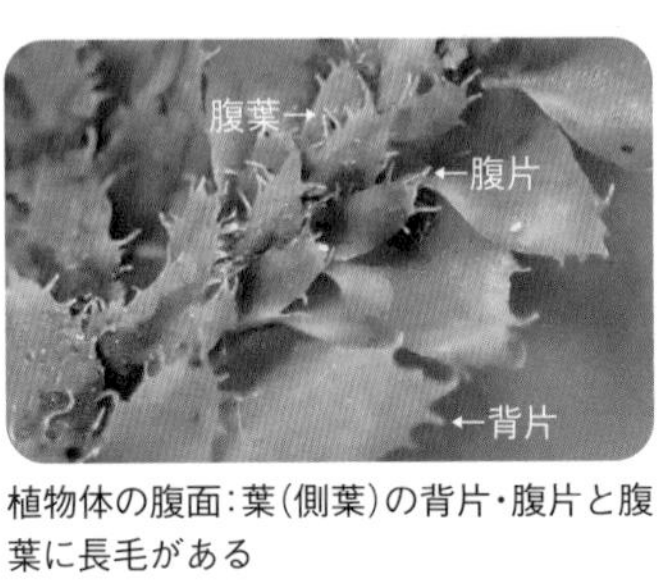

植物体の腹面：葉（側葉）の背片・腹片と腹葉に長毛がある

生育場所：常緑樹林帯の樹幹や湿岩上。石灰岩地にも生える
分布：本州～琉球／東アジア～ヒマラヤ、インド
形状・サイズ：茎は長さ5～10㎝、規則的に分枝する。背片の先に数個の長い歯があり、腹片と腹葉は全周にわたって長毛がある。雌雄異株

メモ：名前に「モドキ」と付くのは、小型のシダ植物であるクラマゴケに雰囲気が似ているため。

[出会い率 ★★☆]

ニスビキカヤゴケ

クラマゴケモドキ科　*Porella vernicosa*　ポレラ ウェルニコサ

山地の岩上に着生。茎は長さ３～５㎝ほど。雌雄異株（７月 大阪府）

山地の樹幹や岩上に見られる。クラマゴケモドキよりもずっと小型で、表面（背面）から見えている茎につく左右の葉（背片）の先端が内側に強く巻きこんでいるため、植物体は平たい紐状となる。

湿っていると緑色が強いが、乾燥とともにオリーブグリーン～褐色がかり、その名の通りニスを塗ったような光沢と、さらに平紐状の形もあいまって、どこか妖しい雰囲気。群落はまるで小さなヘビが這い回っているようにも見える。

なお、刺身のつまに使うヤナギタデの芽生えと同じ辛味成分のポリゴジアールに由来する辛みを含んでおり、噛むと舌がピリピリする。

生育場所：山地の岩上や樹幹
分布：北海道～九州／シベリア、東アジア
形状・サイズ：茎は這い、長さ3～5㎝、不規則に分枝する。背片は長さ1.5～2㎜、楕円形で先端の縁に歯があり、先は強く内側に巻き込む。腹片は舌形で縁に歯があり、先は強く反る。腹葉は茎の約2倍幅で歯がある

 メモ：辛みは噛んだ瞬間ではなく、あとからじわじわやってくる。口に入れ過ぎると後悔することに…。

シダレヤスデゴケ

[出会い率 ★★★]

ヤスデゴケ科　***Frullania moniliata***　フルラーニア モニーリアータ

葉は重なり合いながら茎に密につく。茎は垂れ下がったり、横に這うことも(11月 青森県奥入瀬渓流)

ヤスデゴケ科のコケは、外観はクラマゴケモドキ科と似た雰囲気があるが、腹片が袋状になるというユニークな特徴を持つ。乾燥にとりわけ強い仲間が多い。

本種は全国に広く分布し、樹幹や岩から垂れ下がるように生える。色は灰緑色〜赤褐色と個体によって差があるが、背片のつけ根から葉先に向けて眼点細胞《がんてんさいぼう》と呼ばれる赤色の点々が1列に並ぶのが大きな特徴となる。雌雄異株。

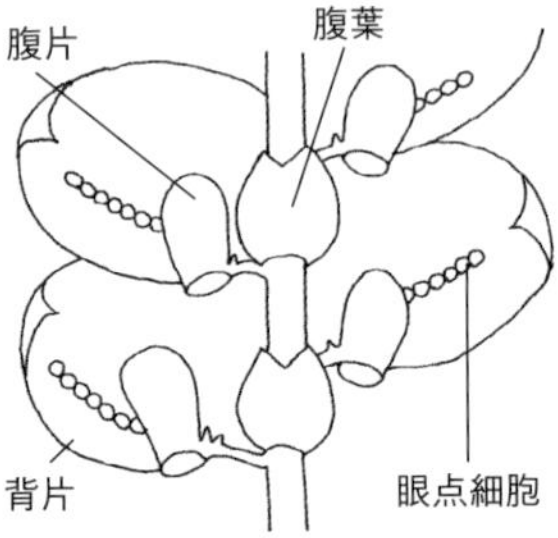

植物体の腹面：腹片は袋状なので水がためられる

生育場所：低地〜高山の樹幹や岩上、崖
分布：北海道〜琉球、小笠原／シベリア、東アジア
形状・サイズ：茎は長さ3〜7㎝、羽状に分枝する。背片は長さ0.5〜1.3㎜、卵形で先は尖り、内側に巻き込む。腹片は細長い円筒形の袋状。腹葉は先が2裂する

メモ：欧州に生育する近縁種は触るとかぶれる毒性を持つ。また国内に生えるものでも、稀にかぶれるので注意。

[出会い率 ★★★]

カラヤスデゴケ

ヤスデゴケ科　*Frullania muscicola*　フルラーニア ムースキコラ

蒴が開いた群落。光沢があり、湿ると緑色〜オリーブグリーンになる。乾燥にも強い（4月 東京都）

全国に広く分布し、低地〜低山の樹幹で普通に見られる。シダレヤスデゴケのように垂れ下がらず、樹幹にべたっと密着し、不規則に枝を伸ばして這い広がる。乾いていると赤褐色〜黒色みを帯びるため、白い樹皮だと目につきやすいが、褐色の樹皮だと色がなじんで、つい見逃しがち。

雌雄異株で、春に胞子体を伸ばす。蒴は開くとオレンジ色の花のような形となって、とてもかわいらしい。

乾燥時は赤褐色となり基物に密着

生育場所：低地の樹幹や岩上
分布：北海道〜琉球／樺太、東アジア〜ヒマラヤ
形状・サイズ：茎は這い、長さ1〜2㎝で不規則に分枝する。背片は長さ0.5〜0.8㎜、卵形。腹片はヘルメット形。腹葉は舌状になることも多い。花被には3〜5個の縦向きのひだがある

 メモ：普通種ながら個体変異が大きいうえ、ヤスデゴケの仲間には似たものも多く、近縁種との見分けは困難。

フルノコゴケ

［出会い率 ★★★］

クサリゴケ科　*Acrolejeunea sandvicensis*　アクロルジェネア サンドウィケンシス

黒い球は蒴で、花のようなものは蒴が開いたところ。縦じわの緑色のものは蒴を包む花被（6月 神奈川県）

クサリゴケ科は苔類最大のグループで、国内には130種以上が知られる。小型で暖かい地方に分布するものが多い。

本種はとくに西日本の低地でよく見られ、人家の周りでも普通に見られる。乾燥にもわりと強い。乾いていると葉は色あせて茎に接着しているが、湿ると途端に葉が茎に対してほぼ垂直に立ち上がり、モコモコと立体的になって淡い緑色～黄緑色が蘇る。

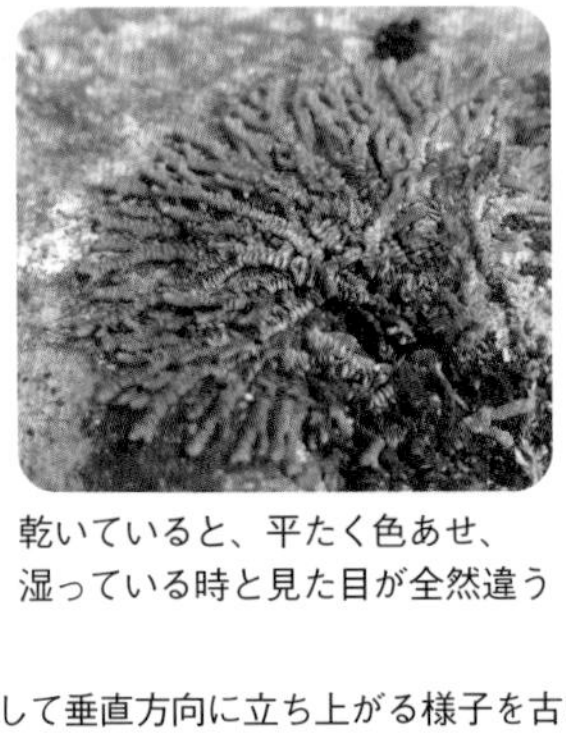

乾いていると、平たく色あせ、湿っている時と見た目が全然違う

生育場所：低地の半日陰の岩上や石垣、樹幹
分布：本州～琉球、小笠原。主に西日本／東アジア～東南アジア、太平洋諸島
形状・サイズ：茎は這い、長さ1～2㎝、不規則に分枝する。背片は長さ1～1.3㎜で卵形、密に重なり、湿ると茎に対して垂直に立ち上がる。花被には10個のひだがある。雌雄同株

苔類クサリゴケ科

メモ：和名は、葉が湿潤時に茎に対して垂直方向に立ち上がる様子を古いのこぎりの歯に見立てたことに由来。

[出会い率 ★★☆]

カビゴケ

クサリゴケ科　*Leptolejeunea elliptica*　レプトルジェネア エリープティカ

あくまで葉の上に乗っているだけであって、宿主には害をもたらさない（3月 三重県）

葉面に着生して一生を過ごす葉上苔類《ようじょうたいるい》の一種。淡い緑色～明るい黄緑色。雌雄同株。無性芽はないが、よく枝が取れて無性的に繁殖する。環境省のレッドリストのカテゴリーで準絶滅危惧種のコケである。

名前の通り、このコケの付近を通るとカビに似たツンと鼻を突くような匂いがするので、コケ好きたちは目で探すというよりも匂いで探す。この匂いには抗菌作用があり、じつは本物のカビから身を守っている。

渓流のそばに生える常緑樹の葉上に群生するカビゴケ

生育場所：温暖な地域の空中湿度の高い渓谷に生える常緑樹やシダの葉上。金属製の看板やガードレールなどの人工物に着生することも

分布：本州（福島県以南）～琉球の太平洋側／世界の亜熱帯・熱帯

形状・サイズ：茎の長さは5～10㎜、不規則に分枝する。背片は長楕円形で長さ約0.4㎜

 メモ：カビ臭ではなくハッカ臭という人もいるが、個人的にはウォッシュチーズの香りが一番近いと思う。

ヤマトヨウジョウゴケ ［出会い率 ★★★］

クサリゴケ科　*Cololejeunea japonica*　コロルジェネア ヤポニカ

小さいが湿ると葉の存在がわかる。樹幹のくぼみによく群落をつくる（1月 東京都）

背片は重なってつく
（撮影：左木山祝一）

淡い緑色で、低地の樹幹に生える。都市部でも普通に見られるアーバンモスの一種。とはいえ植物体は長さ3〜5㎜、幅が約1㎜程度とかなり小さいため、蘚類のアーバンモスと比べて圧倒的に存在感が薄い。

不規則に伸びる枝には葉が密に重なってつき、個体の上にまた別の個体が覆いかぶさり層のような群落をつくるので、とくに乾いた状態だとどこが枝か葉か区別をつけるのが難しい。霧吹きで水をかけ、湿らせてから観察するのがおすすめ。雌雄同株。

乾燥時はもはや藻のように見える

生育場所：低地の樹幹。都市部でもよく見られる
分布：本州〜九州／中国
形状・サイズ：茎は這い、長さ3〜5㎜、不規則に分枝。背片は長さ約0.5㎜、卵形。腹片はポケット状・三角形状・舌状と変化に富む。腹葉はない。背片におはじき状の無性芽をつける

メモ：名前の由来は、本種の仲間は大きな植物の葉の上に着生して一生を過ごす「葉上苔類」が多いことから。

[出会い率 ★☆☆]

キビノダンゴゴケ

ダンゴゴケ科　*Sphaerocarpos donnellii*　スファエロカルポース ドネリイ

雌株の包膜が破れると球状の胞子体が現れる

雄株。フラスコ形の包膜が集まる。成熟すると赤紫色になる

水田の粘土質の土上に、ハタケゴケの仲間などと混生している（1月 岡山県）

もとは北米産の苔類で、アメリカでは畑などでよく見かける普通種。それが日本でも2009年に岡山県岡山市の市街地の水田で初めて発見された。

水の抜かれた田に冬になると現れ、真冬に胞子を散布。乾燥に弱く、遅くとも晩春には枯れる一年生のコケである。

雌株の生殖器官を包む包膜は頭部に穴の開いた団子形、さらに岡山県（吉備の国）が発見地ということで和名が命名された。

黄緑色が雌株、赤紫色が雄株

生育場所：田畑の日当たりの良い粘土質土上
分布：本州（岡山県）／北米
形状・サイズ：ロゼット径3～20㎜。植物体は淡緑色～黄緑色で、緑が切れ込む。雄株の包膜は赤紫色でフラスコ形、雌株の包膜は黄緑色の団子形、いずれも植物体の中央部に多列に並ぶ。胞子体は包膜の中で成熟する。雌雄異株

メモ：日本ではいまだ岡山県でしか分布が確認されておらず知名度が低いが、世界的には本種は植物で初めて性染色体が確認された種として知られている。

コマチゴケ

[出会い率 ★★★]

コマチゴケ科　*Haplomitrium mnioides*　ハプロミトリウム ムニオイデス

胞子体がない時の雌株

春に胞子体を伸ばす。植物体は淡い緑色～灰緑色。暖かい地方に多い（4月 三重県）

しっかりとした形状の葉があるため蘚類と間違われやすいが、苔類。肉厚で柔らかく、多肉植物のような雰囲気もある。日陰の湿った場所を好み、沢や滝のそばの湿った岩壁や岩上、森林内の斜面や倒木などに生育する。造卵器や造精器に何も覆いがなくむき出しになっている、仮根がないなど、コケとしては例外的な特徴を持つことから、原始的な構造をとどめたコケと考えられている。

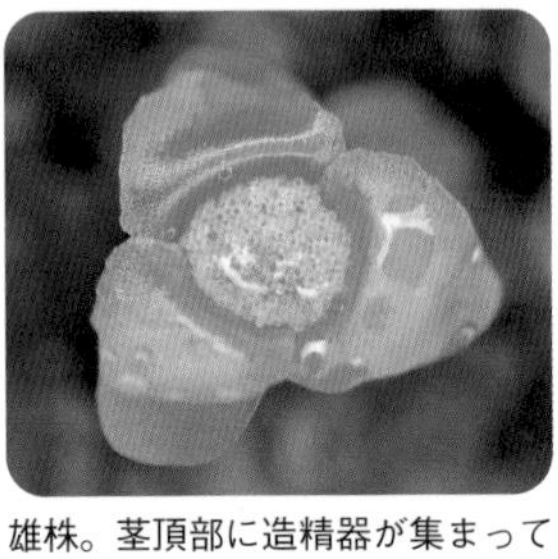

雄株。茎頂部に造精器が集まってできた雄花盤は花のように見える

生育場所：低地～山地の日陰の沢沿いや滝近くの湿った地面や岩上、倒木上など
分布：本州～琉球。西南日本に多い／東アジア
形状・サイズ：茎は、地下茎が這い、地上茎が長さ2㎝ほどになって立ち上がり、3列の葉をつける。仮根がない。雌雄異株

メモ：女性的な可憐で美しい見た目から、和名は絶世の美女と名高い平安時代の女流歌人・小野小町にちなむ。

[出会い率 ★★★]

ホソバミズゼニゴケ

ミズゼニゴケ科　***Apopellia endiviifolia***　アポペリア エンディヴィーフォリア
（***Pellia endiviifolia***　ペリア エンディヴィーフォリア）

先端に無性芽をつけた群落。葉状体は緑色～濃緑色（10月 東京都）

湿った土上に群生するほか、水辺で水に浸かっている群落も見かける。葉状体は重なり合って生え、先端だけが少し立ち上がる。晩秋～冬にかけては、葉状体の先端が細かく裂けてフリル状の無性芽をつけた姿に変貌するので、とても見分けやすい。

白緑色のものは雌株の包膜。円筒形で先端が鋸歯状。小さな粒々をつけた葉状体は雄株で、粒の中には造精器が沈生する

早春に胞子体を伸ばす。蒴柄は長く、蒴は球形、数日で枯れる

生育場所：低地～山地の日陰の湿った地面や水辺
分布：北海道～琉球／北半球
形状・サイズ：葉状体は長さ2～5㎝、幅5～10㎜、しばしば赤紫色を帯びる。晩秋～冬に先端にフリル状の無性芽をつける。雌雄異株

メモ：土上に生えているものはマキノゴケとまぎらわしいが、仮根が本種は淡い褐色なのに対し、マキノゴケは鮮やかな茶色をしている。また蒴の形（ホソバは球形、マキノは長楕円形）でも区別できる。

マキノゴケ

[出会い率 ★★☆]

マキノゴケ科　*Makinoa crispata*　マキノア クリースパータ

葉状体のみの時は地味だが、春先に胞子体を伸ばした姿はとても美しい。雌雄異株（２月 宮崎県）

大型で、低地~山地の日陰の湿った土上や岩上に生える。葉状体は不透明な暗い緑色で薄い質感。先端が二叉状に分枝し、縁はやや波打つ。胞子体は早春~春に成熟する。透けるように白い蒴柄が急速に伸び、先端に楕円形の蒴がついた姿はマッチ棒を思わせる。

茶色い綿状のものは弾糸

雌株の造卵器はポケット状の雌包膜に覆われる

生育場所：低地~山地の日陰の湿った土上や岩上。倒木上にも。渓谷に多い

分布：北海道~琉球／東アジア~東南アジア

形状・サイズ：葉状体は長さ5~8㎝、幅1~1.5㎝。仮根は褐色で葉状体の腹面の中央部に密生。造卵器は葉状体の背面の中肋の上にでき、造精器は葉状体の背面のくぼみにできる

メモ：マキノゴケ科のコケは本種１種のみで、学名と和名は植物学者の牧野富太郎博士に献名されたもの。

[出会い率 ★★★]

クモノスゴケ

クモノスゴケ科　*Pallavicinia subciliata*　パラウィキーニア スブキリアータ

春先に胞子を飛ばす。蒴は2〜4裂する

蒴柄は半透明で、蒴は黒く円柱形。雌雄異株（3月 三重県）

渓谷の斜面で地面に向かって伸び、重なり合うように這って生える。葉状体の先端はしばしば先細り、中肋だけのような状態となる。これが地表に着くと、腹面からたくさんの仮根を出し、また新たな葉状体を伸ばす。胞子体は葉状体の中ほどから伸び、中肋の真上につく。

近縁種はクモノスゴケモドキ。千葉県以西〜琉球に分布し、より小型で、細かく分枝する。先端が先細らないのも特徴。ただし、クモノスゴケが環境によって変異が大きいため、両者を見分けるのはなかなか難しい。

生育場所：低地の渓谷の日当たりの悪い斜面の土上や岩上、倒木上。水が滴る場所も好む
分布：本州〜琉球／東アジア
形状・サイズ：葉状体は淡い緑色〜緑色で、長さは3〜6㎝、幅は約5㎜。時に二叉状に分かれる。葉状体の中央にはくっきりとした中肋がある。雄株の包膜は中肋の左右2列に並ぶ

メモ：他の近縁種にニセヤハズゴケ。特徴である、中肋の上に多列に並ぶ雄包膜を見つければ確実に見分けができる。

ウスバゼニゴケ

［出会い率 ★★☆］

ウスバゼニゴケ科　***Blasia pusilla***　ブラシア プシラ

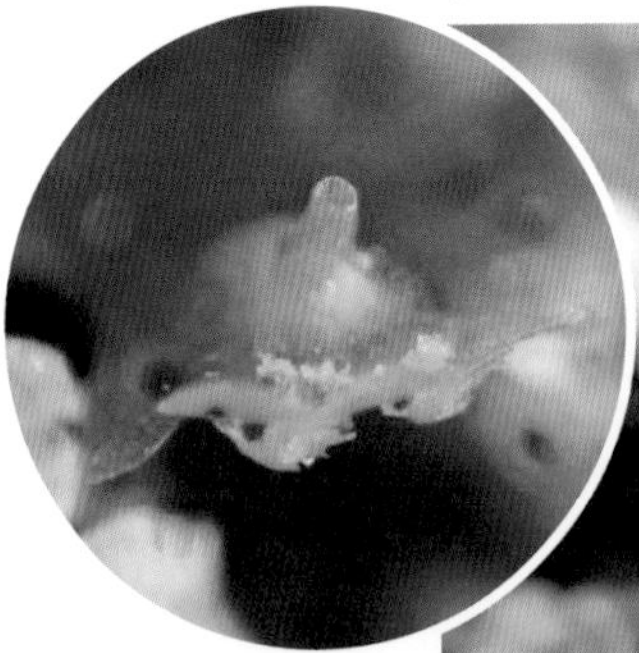

とっくり形の無性芽器

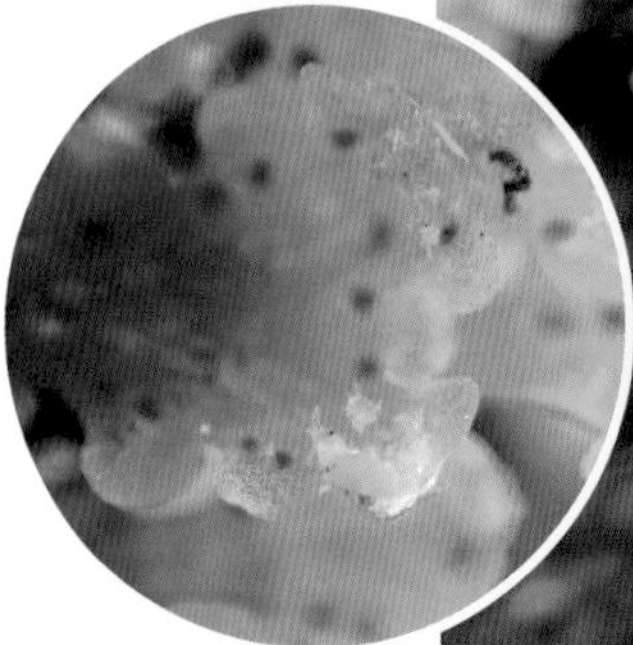

葉状体の先端につく星形の無性芽

雄株の植物体。中肋上にある粒の中に造精器が沈生する（9月 北海道）

葉状体の中に藍藻《らんそう》類を住まわせ、共生する珍しい苔類。全国の低地～低山の、貧《ひん》栄養の湿った地面で見られる。養分の少ない崩壊地に多い。ルーペで見ると、淡い緑色の透けるように薄い葉状体に点々と黒点がついているのがわかる。それが共生している藍藻類がコロニーとなったものである。

また、葉状体に2種類の無性芽をつける。一つは球形で葉状体の先にあるとっくり形の無性芽器に入ったもので、もう一つは星形で粒状となって葉状体の縁につく。雌雄異株。

黒点は藍藻類のコロニー

生育場所：低地～低山の半日陰の湿った地面、土手など
分布：北海道～九州／北半球の温帯
形状・サイズ：葉状体は長さ1～3㎝、幅3～5㎜、先端で二叉状に分枝、縁は半円形が連続して波状となる。葉状体の縁近くには共生する藍藻類のコロニーが点在する。無性芽は2種類ある

メモ：藍藻類が共生する苔類は、日本ではウスバゼニゴケ科のみで、本種とシャクシゴケの2種だけとなる。

スジゴケの仲間

スジゴケ科　*Aneuraceae*　アネウラシー

シロテングサゴケ。花崗岩上に生える

ミヤケテングサゴケ。林床内の倒木に生える

キテングサゴケ。春先に胞子体を伸ばす

カネマルテングサゴケ。屋久島と琉球に分布

スジゴケ科のコケは葉状体タイプの苔類で、日本では約30種近くが知られる。葉状体の長さが5㎝に達する大型のものから1㎝前後の小型のものまで、サイズはさまざまだが、基本的にどの種も湿った場所を好み、沢沿いの湿岩上や水辺、湿潤な林床の倒木などに生育する。べったりと基物にはりつく姿はどこか岩海苔のような雰囲気がある。実際に分枝の様子が海藻のテングサと似ていることから「○○テングサゴケ」という名前を持つものも多い。

なかでも本科のうち20種以上を占めるスジゴケ属は、葉状体は長くて数㎝、幅は最大でも3㎜以下と小型で、どの種も外見がよく似ており、さらには変異の幅も大きいことから、専門家でも顕微鏡を使って細胞を観察しないと見分けは難しい。もっとも、経験の浅い初心者においては、見分ける以前にこれらのコケをコケと意識せず、フィールドで見過ごしてしまっていることがよくある。

キリシマゴケ（苔類）

マルバツガゴケ（蘚類）

ウツクシハネゴケ（苔類）

COLUMN
苔識
4

コケの楽園、屋久島

コケ好きなら誰もが一度は訪れてみたい憧れの地、屋久島。九州の最高峰、標高１９３６ｍの宮之浦岳を擁し、亜熱帯・暖帯・亜寒帯までの植生が垂直分布で見られるという世界的に見ても珍しい島だ。それゆえコケも北方系から南方系のものまで約７００種が生育。希少種も豊富だ。

また、島は暖流である黒潮の上にあるため、暖かく湿った風は海から山肌を駆け上がって雲となり、島に大量の雨を降らせる。とくに標高７００～１３００ｍの森は雲や霧がかかりやすい。常に空中湿度が高いため、コケは太古の水中生活を思い出したかのように、のびのびと育つ。まさにコケの楽園、コケが環境の主役となるモッシーフォレスト（蘚苔林）なのだ。

ちなみに屋久島のコケは、本土産の同種個体よりも大きく育つ傾向があるというのも面白い特徴だ。

ヒロハヒノキゴケ（蘚類）

ヒムロゴケ（蘚類）

タカサゴサガリゴケ（蘚類）

◆ヤクシマゴケ（苔類）

フォーリームチゴケ（苔類）

フォーリースギバゴケ（苔類）

～屋久島の森を彩るコケたち～

◆印は日本では屋久島のみに生育する希少種

ヤマトフデゴケ（蘚類）

◆ヤクシマミズゴケモドキ（苔類）

ヤクシマホウオウゴケ（蘚類）

ミジンコゴケ（苔類）

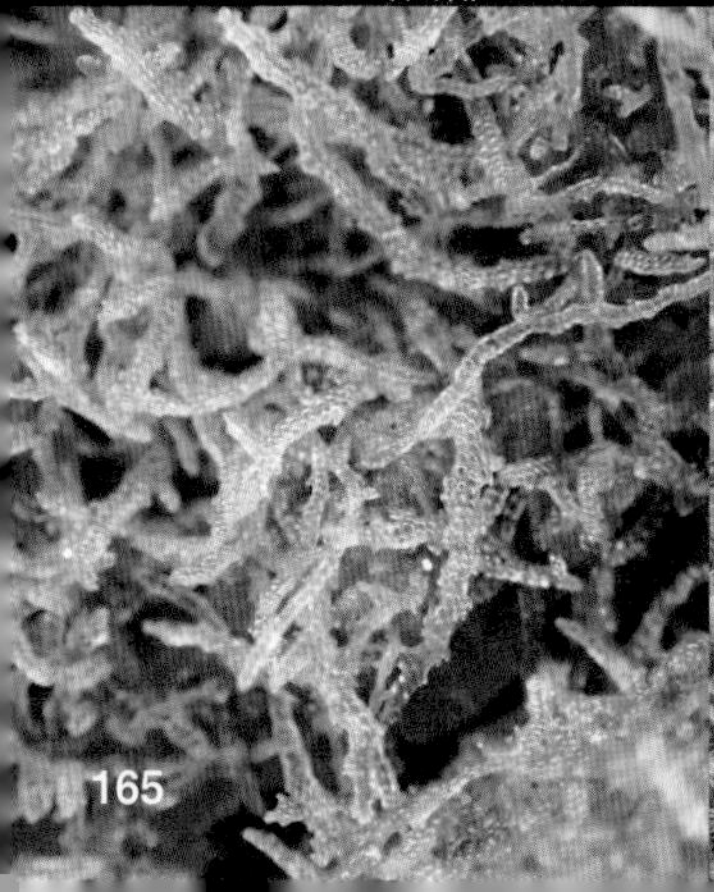

◆ウワバミゴケ（蘚類）

アラハシラガゴケ（蘚類）

ヤマトフタマタゴケ

［出会い率 ★★★］

フタマタゴケ科　*Metzgeria lindbergii*　メツゲリア リンドベールギー

植物体は湿っていると黄緑色〜薄い緑色で、乾くと白色みを帯びる。雌雄同株（4月 兵庫県）

低地〜山地の樹幹や岩上で見られる。一見、干からびた海藻のようであるが、葉状体の裏面（腹面）に見どころがある。雌雄同株のため、一個体の中肋部に雌雄両方の生殖器官がつき、雄器は半球状の包膜に包まれて縮こまった様子。一方、受精した雌器からは毛の生えたこん棒状のカリプトラ（胞子体を保護する袋状のもの）が長く伸び、葉状体の背面に顔を出す勢いでなんとも勇ましい。小型ながら、雄器と雌器のコントラストが面白いコケ。

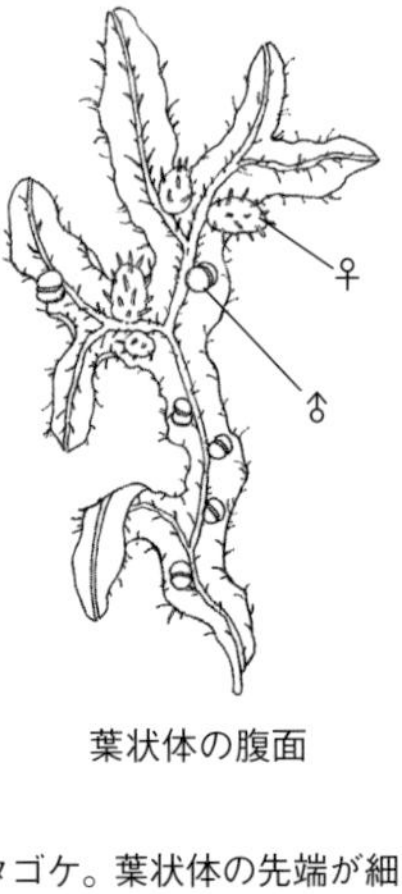

葉状体の腹面

生育場所：低地〜山地の樹幹や岩上
分布：北海道〜琉球／東アジア〜東南アジア、ヒマラヤなど
形状・サイズ：葉状体は長さ1〜2㎝、幅約0.7〜1.2㎜ほどで、腹面には毛が散生する。腹面の中肋部に雌雄の生殖器官がつく。無性芽はない

メモ：近縁種にコモチフタマタゴケ。葉状体の先端が細く、縁にたくさんの無性芽をつける。雌雄異株。

[出会い率 ★★☆]

ミカヅキゼニゴケ

ミカヅキゼニゴケ科　*Lunularia cruciata*　ルーヌラリア クルキアータ

胞子体。雌器床は十字形
（撮影：赤司 一）

寒さには弱いが、冬でも乾燥せず、凍らない場所なら越冬できる。雌雄異株(10月 東京都)

コケとしては珍しい帰化植物で、原産地は地中海沿岸。葉状体の先端に三日月〜半月形の無性芽器があるのが最大の特徴で、他の葉状体の苔類とも簡単に区別できる。やや光沢のある青緑色〜淡い緑色。

1923年に初めて国内で発見されて以来、胞子体がほとんど見つかっていなかったが、1990年代以降は兵庫県や広島県で胞子体が見つかっている（関東などでは未知）。雌器托《しきたく》・雄器托《ゆうきたく》が成熟するのは4〜5月頃、胞子を放出するのは7月頃である。

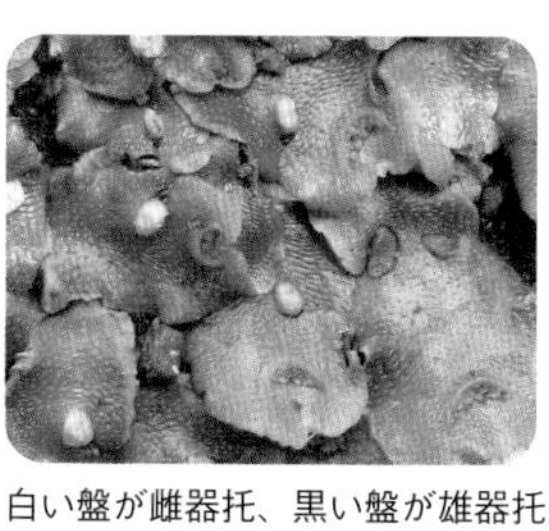

白い盤が雌器托、黒い盤が雄器托

生育場所：街中の裸地、道路脇、民家の庭、社寺や庭園の土上、校庭の隅など
分布：本州〜九州／東アジア、豪州、欧州、北米など
形状・サイズ：葉状体は長さ2〜4㎝、幅は5〜10㎜。無性芽器の中にレンズ豆状の無性芽がある

 メモ：蒴をつけた姿はなかなか見られないが、雌器托と雄器托はしつこく探していると、たまに出会える。

オオジャゴケ

［出会い率 ★★★］

ジャゴケ科　***Conocephalum orientalis***　コノケファルム オリエンターリス

雄株の雄器托。小判形で柄は伸びない。上面に小さな穴があり、そこから精子を含んだ霧状の液滴を勢いよく空中に噴出する

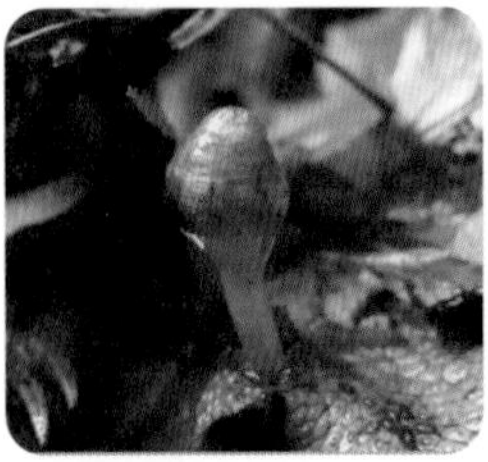

春先の雌株の雌器托。柄が伸び始めたところ

春に蒴が成熟し、葉状体の先にはハートに似た形の新芽も出る（4月 三重県）

ジャゴケ属のコケは、濃い緑色～緑色で、葉状体の表面（背面）にヘビの鱗に似た模様がある。雌雄異株。春になると、雌株の雌器托の柄が急速に伸びて胞子を飛ばす。一方、雄株も小判形の雄器托が次の繁殖に向けて成熟し始め、また雌雄ともに葉状体の先端から若々しい緑色の新芽も出てくるなど、観察には春が一番楽しい季節となる。

これまでジャゴケ属は、世界に1種と考えられてきたが、現在は少なくとも世界に6種はあることが判明。日本には、森の木々が発散するフィトンチッドのような爽やかな香りがする本種・オオジャゴケ、鼻をつくようなマツタケ臭がするマツタケジャゴケ、ほぼ香りがなく、葉状体の表面につややかさがないタカオジャゴケとウラベニジャゴケの4種が分布している。

生育場所：低地～山地の日陰～半日陰の土上や湿岩上、崖。都市の路地や庭にも
分布：北海道～琉球／台湾
形状・サイズ：葉状体は長さ3～15㎝、幅1～2㎝、しばしば赤みを帯びる。胞子は褐色

メモ：タカオジャゴケは、石灰岩地によく見られることも特徴である。

[出会い率 ★★★]

ヒメジャゴケ

ジャゴケ科　*Sandea japonica*　サンデア ヤポニカ

雄株。雄器托は細長い小判形で柄は伸びない

春から初秋は葉状体は淡い緑色で優しい雰囲気。雌雄異株（7月 神奈川県）

無性芽をつけるのがジャゴケ属との大きな違い

ジャゴケ属と同じくヘビの鱗に似た模様があるが、より小型で、緑の色合いも優しい。寒さが厳しい地方では冬には枯れてしまうため、晩秋になると葉状体の縁にたくさんの無性芽をつけて繁殖に精を出す。

その後、葉状体は赤紫色を帯びて紅葉しながら朽ちていくが、その先端にある新しい雌器托は生長を続けており、早春になると柄を急伸させ、胞子を飛ばして有終の美を飾る。

雌株。早春に葉状体から雌器托が伸び始める

生育場所：低地～山地の日陰～半日陰の湿った土上や岩上。湿っていれば都市の庭や公園にも

分布：北海道～琉球／東アジア

形状・サイズ：葉状体は長さ1～3㎝、幅2～3㎜、晩秋～冬に赤紫色を帯びる。また晩秋に葉状体の縁に無性芽をつける。胞子は褐色

 メモ：本種の無性芽は、葉状体の先端が変形して生じたもので、大きさにはかなり個体差がある。

ケゼニゴケ

[出会い率 ★★★]

ケゼニゴケ科　***Dumortiera hirsuta***　ドゥモルティエラ ヒールスータ

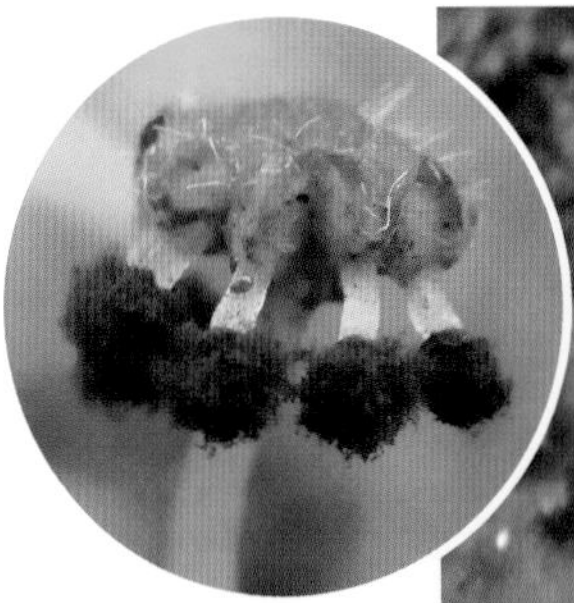

蒴が裂けた状態

乾燥時は白い亀甲模様の筋が見える

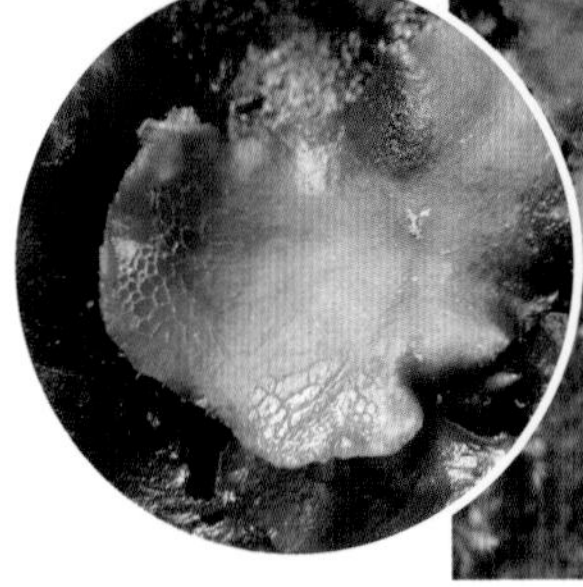

雌器床は円盤形、雄器床はドーナツ形（10月 東京都）

暗い緑色〜浅い緑色で、ビロードのような光沢と質感がある。雌器托と雄器托は葉状体の先につく。雌器床《しきしょう》と雄器床《ゆうきしょう》は毛で覆われているユニークな特徴がある。乾燥時に葉状体の表面（背面）に白い亀甲模様の筋が見えるのも本種ならでは。湿った所を好み、低地の庭、沢沿いの湿岩上や水没する場所、石灰岩地など広範囲に生育。蒴が成熟するのは他の葉状体の苔類よりやや遅い晩春〜初夏となる。

水に完全に濡れた群落

生育場所：低地〜山地の日陰の湿った土上や岩上、水のしたたる岩場や水場。石灰岩地にも

分布：北海道〜琉球、小笠原／世界各地

形状・サイズ：葉状体は長さ3〜15㎝、幅1〜2㎝、全体に白い亀裂が入る。雌器托と雄器托の頭部の表面が毛で覆われる。雌雄同株。胞子は茶褐色

メモ：本種は倍数性（保有する染色体の組数）の違う亜種が複数あり、それぞれに細部の形態や生育環境が異なることがわかっている。

[出会い率 ★★★]

アズマゼニゴケ

アズマゼニゴケ科　*Wiesnerella denudata*　ウィースネレラ デーヌーダータ

雌器托をつけた群落。傘の裏に成熟直前の黒い蒴が透けて見える。雌雄同株（4月 三重県）

葉状体はぺたっとして柔らかく、光沢のある明るく淡い緑色で、優しい雰囲気がある。雌器床はぷっくりとした厚めの傘状で、ジンガサゴケ（P172）とやや似るが、本種はジンガサゴケのように葉状体の縁や腹面が赤紫色にはならない。またゼニゴケ科のコケのような無性芽器もない。さらに主な生育地が山地であることなど、形状と生育環境の複数の視点から他の葉状体タイプの苔類と見分けることは可能だろう。

暖地に多く、福島県以南の主に太平洋側に生育する。

生育場所：山地の日陰〜半日陰の湿った土上や岩上。沢沿いや水辺にも

分布：本州〜琉球／東アジア〜東南アジア、ヒマラヤ、ハワイ

形状・サイズ：葉状体は長さ1〜5㎝、幅5〜10㎜。腹鱗片は2列につく。雌器托は葉状体の先端につき、柄は長さ約3㎝、傘状の頭部は切れ込みが浅く5〜7裂する。雄器托は葉状体の先端または雌器托のすぐ後ろにつき、柄はなく、盤状に盛り上がる。胞子は黒褐色

メモ：和名に「アズマ」と付くが東日本よりもむしろ西日本によく見られる。

ジンガサゴケ

［出会い率 ★★★］

ジンガサゴケ科　***Reboulia hemisphaerica* subsp. *orientalis***　ルブーリア ヘーミスファエリカ オリエンターリス

成熟した蒴をつけた雌器床

雄器托は柄がなく小判形

雌器托の傘の形が陣笠に似ている。雌雄同株（４月 兵庫県）

主に低地に分布し、道端の石垣、庭や公園の植え込みなど、街中で普通に見られる。葉状体の表面（背面）は緑色だが、縁と裏面（腹面）は赤紫色を帯びるのが特徴。春には雌器托の柄が伸び、傘の下から大きな黒い蒴が顔をのぞかせる。無性芽器はない。

雌器托がない時はフタバネゼニゴケ（P175）と見間違えやすいが、無性芽器の有無、雄器托の形、腹鱗片《ふくりんぺん》の付属物の形で見分ける。

生育場所：低地の半日陰のやや湿った土上や岩上。街中の植え込みの中などにもよく見られる

分布：北海道〜琉球、小笠原／東アジア

形状・サイズ：葉状体は長さ1〜4㎝、幅5〜7㎜、緑、腹面、腹鱗片は赤紫色となる。雌器托は葉状体の先端につき、頭部は陣笠形で切れ込みが浅く3〜5裂する。雄器托は葉状体の先端につき、柄はなく、小判形。胞子は黄褐色

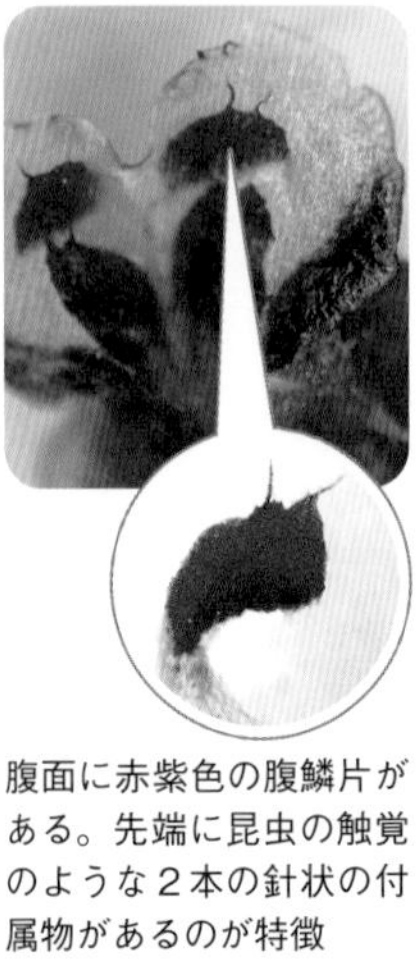

腹面に赤紫色の腹鱗片がある。先端に昆虫の触覚のような２本の針状の付属物があるのが特徴

メモ：雌器床の傘の切れ込みは蒴ができた数で変わり、ギョロ目のエイリアンのような姿になることもある。

［出会い率 ★★★］

ミヤコゼニゴケ

ジンガサゴケ科　***Mannia fragrans***　マンニア フラグラーンス

雌器床は半球形で縁が２～４裂する。胞子は黒褐色（撮影：中島啓光）

葉状体の先端を白い毛のような腹鱗片の付属物が覆う。雌雄同株（10月 東京都）

葉状体は白緑色で、縁は赤紫色を帯びる。ジンガサゴケと似るが、本種は裏面（腹面）にある腹鱗片の白い針状の付属物がしばしば葉状体から表面（背面）にはみ出し、葉状体の表面先端を覆うことが大きな特徴となる。

　これまで関東地方の街中で主に見られてきたが、近年は分布を広げている。多年生だが、気候や立地条件によって一年で枯れることも多い。

柄が伸びる前の若い雌器托

生育場所：低地～山地。道路枠の石垣、社寺の境内や人家の庭、畑、植込み、圃場など
分布：本州（主に関東地方）／北半球北部
形状・サイズ：葉状体は長さ1～2㎝、幅2～3㎜、ロゼット状となる。腹鱗片の付属物は1～2個、針状に伸び、しばしば葉状体の背面側に出る。雌器托の柄は短く、雌器床は半球形。雄器托は柄がなく盤状。無性芽はない

メモ：ミヤコは東京のことで、最初に東京都心で見つかったことに和名は由来。ただし、もともとは秩父山地にあり、荒川水系の下流域に次第に広がっていったと考えられている。

ゼニゴケ

[出会い率 ★★★]

ゼニゴケ科　***Marchantia polymorpha* subsp. *ruderalis***　マルシャンティア ポリモルファ ルーデラーリス

雌株。蒴が裂けた状態

雄株の雄器托

嫌われても人家の側を好み、自然の豊富な場所ではほぼ見られない（12月 東京都）

ゼニゴケ科のコケは、葉状体にカップ状の無性芽器があり、雄株の雄器托はある程度の長さの柄を持つこと、雌株の雌器托は受精していなくても柄を伸ばすことなどの特徴がある。

本種は園芸好きの間では「庭にはびこる邪魔者」であり、また教科書には苔類代表として登場することから一般に最も知られているコケの一種。雌器托は春～初夏、秋～初冬に柄を伸ばす。

カップ状の無性芽器。葉状体は水辺に生えると黒い線ができる

生育場所：低地の半日陰の湿った土上や道端。栄養豊富な地面が好きで庭、花壇、畑などにも。たき火跡にもよく見られる
分布：北海道～九州／世界各地
形状・サイズ：葉状体は緑色～灰緑色で、長さ3～10㎝、幅7～15㎜、縁は波打つ。腹鱗片は透明で6列に並ぶ。胞子は黄色。雌雄異株

メモ：亜種（種よりも下位の分類群）にヤチゼニゴケがある。葉状体の中央に太く明瞭な黒線があり、腹鱗片の形が本種と異なる。東日本の山地の水辺や低温の湧水で見つかっている。

［出会い率 ★★★］

フタバネゼニゴケ

ゼニゴケ科　***Marchantia paleacea* subsp. *diptera***　マルシャンティア パレアーケア ディプテラ

雌株。未受精の雌器床

雄株の雄器托

受精に成功した雌株は、雌器托の頭部が均等に９つに裂ける（８月 奈良県）

大きさはゼニゴケと似るが、光沢があり、白みがかった緑色で、葉状体の縁と裏面（腹面）が赤紫色を帯びるため、ゼニゴケとの見分けは容易。また、受精の有無で雌器床の形状が変わるというユニークな特徴を持つ。受精すると雌器床はきれいな傘状になり、未受精の場合はハート状（二羽）になる。

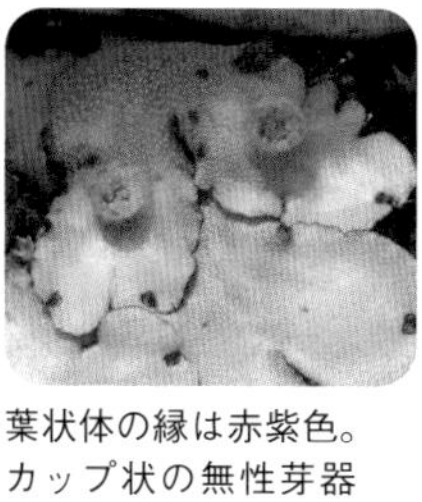

葉状体の縁は赤紫色。カップ状の無性芽器がある

生育場所：低地～山地の日陰～半日陰の湿った土上や岩上。土手や庭の石垣など
分布：本州～琉球、小笠原／東アジア
形状・サイズ：葉状体は長さ３～５㎝、幅６～12㎜、縁と腹面が赤紫色になる。腹鱗片は４列で赤紫色。胞子は黄色。雌雄異株

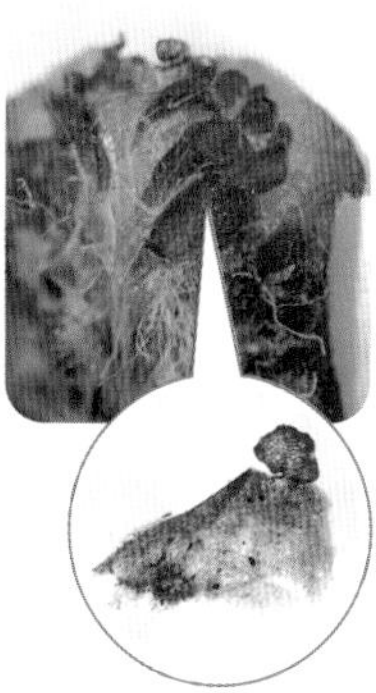

腹面に赤紫色の腹鱗片がある。先端に握りこぶしのような円形で全縁の付属物があるのが特徴

　メモ：「出会い率★★★」だが、これは主に西日本の場合。東日本だとゼニゴケの方がずっとポピュラー。

トサノゼニゴケ

［出会い率 ★★☆］

ゼニゴケ科　*Marchantia papillata* subsp. *grossibarba*　マルシャンティア パピラータ グロシーバルバ

雌株の雌器床
（撮影：鄭 天雄）

雄株の雄器床
（撮影：鄭 天雄）

雌雄異株。写真左側の葉状体は無性芽器をつけている（9月 山口県）

ゼニゴケ科の中では最も小型。葉状体の長さは2～3㎝、光沢があり、中央にはっきりとした黒い筋がある（痕跡的な薄い線の場合もある）。雌株は、雌器床の裂片が5～最大8本程度になる。雄株は、雄器床が180度ほどに開き、裂片が片方に偏るのが特徴。別名は「トサゼニゴケ」。とくに四国に多く分布する。

近縁種はクサビゼニゴケ。葉状体の中央に黒い筋がないほか、雌器床の裂片の数は最大13本程度と多い傾向で、雄器床は裂片が放射状に広がるのが特徴。また、トサノゼニゴケよりも南方に多く見られ、九州以南を中心に分布する。

生育場所：低地～山地の半日陰の湿った土上や岩上。渓谷の水際などでも。都市部の石畳の隙間や石垣などでも見られる

分布：主に四国と九州北部／東アジア～東南アジア

形状・サイズ：葉状体は長さ2～3㎝、幅3～4㎜。雌器床は裂片が5～8本に分かれ、雄器床は裂片が片方に偏る。胞子は黄色

メモ：トサノゼニゴケは変異が大きい種と考えられ、最近までクサビゼニゴケはトサノゼニゴケと同一種とみなされていた。しかし、分子系統解析の結果や形態の細かな違いから現在は別種とされている。

[出会い率 ★☆☆]

ヤワラゼニゴケ

ヤワラゼニゴケ科　*Monosolenium tenerum*　モノソーレーニウム テネルム

雌雄同株。葉状体の先に雌器托と雄器托がつく。○が雄器托。雌器托は柄の短い円盤状

公園の水路にて。葉状体が見えないほど雌器托が旺盛に伸びている（3月 奈良県）

窒素分の豊富な環境に突然現れては数年で消えてしまうという神出鬼没なコケ。葉状体は緑色で、ケゼニゴケ（P170）と雰囲気が似るが、本種には白い点々（大きな油体を含む油体細胞）が全体にあるのが特徴で、見分けは可能である。

環境省のレッドリストでは絶滅危惧Ⅱ類の珍種だが、最近はアクアリウムの水草として栽培物が流通している。

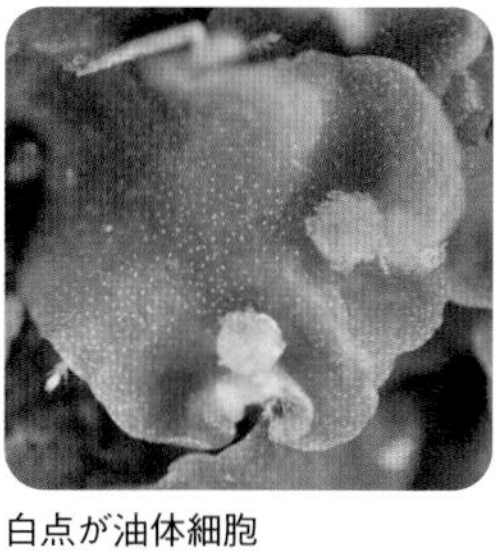

白点が油体細胞

生育場所：人家周辺や庭園、温室などの窒素分が豊富な土上
分布：関東地方以南〜琉球／東アジア、ヒマラヤ、ジャワ、インド、ハワイ諸島
形状・サイズ：葉状体は長さ2〜4㎝、幅5〜8㎜、表面に白点（油体細胞）がある。雄器托はほぼ無柄で、雄器床は盤状。雌器托は柄の長さが数㎜、雌器床は2段の円盤状で縁が波打つ。無性芽はない

メモ：昔は水洗化が進む前の外便所のそばや下水口、田畑などでよく見られたそうだが、現在は生育地が減っている。筆者は奈良公園で本種を確認したが、シカ由来の有機物が豊富だったからかもしれない。

ウキゴケ科の仲間

ウキゴケ科　***Ricciaceae***　リッキアシー

ウロコハタケゴケ。主に関東平野で見られる

ハタケゴケ。畑の湿った土上に生育

カンハタケゴケ。秋～冬に見られる。近畿に多い

ウキウキゴケ。水中や水面、湿った土上に生育

ウキゴケ科はいわゆる「ハタケゴケの仲間」とも呼ばれる一群で、日本に17種ほどが知られ、その名の通り、主な生育地は畑や田んぼである。多くはその土上に生えるが、都市部の公園など日当たりの良い湿った土上で見られるハタケゴケ類もある。また、イチョウウキゴケやウキウキゴケのように土上だけでなく、水面に浮遊したり、水中で生育する種もある。

常に人の暮らしに近い場所を好み、葉状体が二叉状に分枝すること、胞子体は葉状体の中で成熟し、葉状体が朽ちることで胞子を分散させることなどの共通点を持つことから、ハタケゴケの仲間だと識別するのは容易。しかし種の見分けとなると、葉状体にできる溝の様子や、胞子の表面の模様など、個々の違いが微細で、初心者には区別が難しいものが多い。

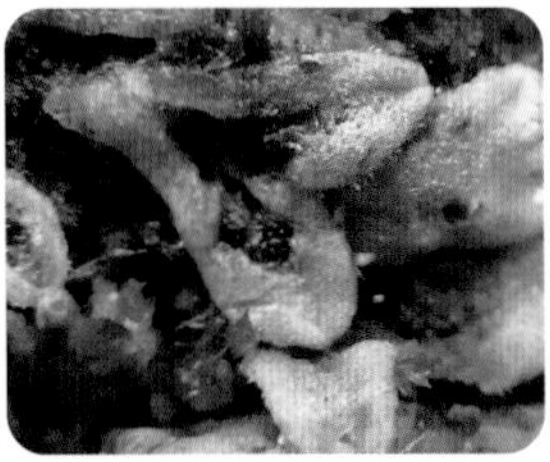

葉状体が朽ちて黒い粒々の胞子体が現れたハタケゴケ

[出会い率 ★☆☆]

イチョウウキゴケ

ウキゴケ科　*Ricciocarpos natans*　リッキオカルポース ナターンス

田んぼの水面に浮遊する群落。水田に使用する除草剤などの影響で、数が減りつつある（6月 宮崎県）

田んぼなどの水面に浮かんで生きるコケの中でも珍しいタイプ。名前の通り見た目はイチョウの葉に似ていて、葉状体が半円以上に生長すると2つに分裂して増殖する。また、秋以降に田んぼの水が落とされても泥土上にそのまま生育し、暖地では越冬する。寒さにさらされると赤紫色に紅葉することがある。全国の田んぼやため池に生育する。

秋に水田の土上に生育した状態
（撮影：松本美津）

生育場所：水田、沼、池。時に畑の土上にも
分布：全国／世界各地
形状・サイズ：葉状体は長さ1～1.5㎝、幅4～8㎜、表面に浅い溝が線状に入る。また寒さにさらされると赤紫色を帯びることも。水上型は腹面に黒紫色の腹鱗片が垂れ下がるように発達するが、土上型は腹鱗片が発達せず仮根が生える。生殖器官は葉状体の中に埋もれる。雌雄同株

　メモ：胞子体は夏～初秋に成熟。葉状体の中央の溝に埋もれ、成熟すると黒い胞子がルーペで確認できる。

ナガサキツノゴケ

[出会い率 ★★★]

ツノゴケ科　*Anthoceros agrestis*　アントケロス アグレスティス

ツノの先は青くてまだ未熟な状態。こういう時は種の区別をつけにくい。雌雄同株（5月 大阪府）

日本で見られるツノゴケ類は全17種。そのほとんどが低地に生育する。

その中でも本種は低地で最も普通に見られる。ツノは若い時は緑色だが、胞子が成熟すると先端が黒色～褐色になり、縦に裂けて黒色の胞子と弾糸を放出する。

近縁種はニワツノゴケ。生育場所も見た目も似るが、蒴が成熟していれば胞子の色は黄色なので、蒴の先が茶色～黄色となる。成熟したツノの先端の色で両者の見分けは可能。

ニワツノゴケ。蒴の先が茶色～黄色
（撮影：波戸武仁）

生育場所：低地の日当たりの良い、やや湿った土上。公園の花壇、庭や畑、水田の裸地など
分布：本州～琉球、小笠原／北半球、アフリカ
形状・サイズ：ロゼット状～不定形の葉状体。ロゼットの径は1～1.5㎝で、縁が不規則に波打つ。蒴はツノ状で長さ1～2㎝。胞子は黒色

[出会い率 ★★★]

アナナシツノゴケ

ツノゴケ科　***Megaceros flagellaris***　メガケロス フラゲラーリス

沢の湿岩上。蒴の先端は褐色で、写真は胞子を散布中の状態（4月 福岡県）

林内の沢沿いの湿岩上や滝のそばの岩壁など水辺が好きなツノゴケである。時に水没するような場所にも。暗めの緑色で、互いの葉状体を重ね合いながら、べたっとした群落をつくる。胞子は黄緑色。多年生で蒴となるツノはほぼ季節に関係なく見られる。雌雄異株。

常に水に濡れるような場所に生育しているのは本種だけなので、生育環境から他のツノゴケ類との区別は容易。水辺の岩上にツノゴケの群落を見つけたら、まずこのアナナシツノゴケと思って間違いないだろう。

なお、日本のツノゴケ類の中では本種がもっとも大型となる。

生育場所：低地〜山地の沢沿いの日陰の湿岩上など

分布：本州〜琉球、小笠原／東アジア〜メラネシア、ヒマラヤ、ハワイ

形状・サイズ：不定形の葉状体で不規則に分枝する。長さ3〜5㎝、幅5〜8㎜で、縁が波打ち鋸歯状となる。蒴はツノ状で長さ2〜4㎝。胞子は黄緑色

メモ：和名の「アナナシ」とは、蒴に気孔がないことを意味している。

ツノゴケモドキ

［出会い率 ★★☆］

ツノゴケモドキ科　***Notothylas orbicularis***　ノトシラス オルビクラーリス

蒴は成熟するまで包膜に包まれ、成熟しても伏せたままとなる。雌雄同株（10月 東京都）

ツノゴケモドキ科は、日本ではツノゴケモドキ属3種のみが知られる。ツノ（蒴）はツノゴケ科のように立ち上がらず、葉状体の上に伏せて生長する。また蒴自体も短い。蒴は夏～晩秋に成熟する。

ツノゴケモドキは北海道～関東地方を中心に分布し、胞子は黄色。一方、同属のヤマトツノゴケモドキは西南日本に広く分布し、胞子は黒色。両種が混生することもあるので、正確な見分けは胞子を確認する必要がある。

ヤマトツノゴケモドキ。蒴が成熟していると黒色の胞子が透けて見える

生育場所：稲刈り後の水田の土上や水田の畦などのやや明るい湿った土上
分布：本州～九州／アフリカ、欧州、北米
形状・サイズ：ロゼット状～不定形の葉状体。ロゼットの径は長さ1～2㎝で、縁が不規則に切れ込む。蒴は長さ3～4㎜、表面に明瞭な黒線がある。胞子は黄色

メモ：日本産ツノゴケモドキ属の残りの1種はジャワツノゴケモドキ。四国～九州を中心に分布し、胞子は黄色。

用語解説（五十音順）

【外曲（がいきょく）】葉の縁が、茎と反対側（背面側）に巻く状態。↕内曲

【仮根（かこん）】 土、岩、樹幹などにはりつくための毛のようなもの。維管束植物の根とは異なり、水や養分を積極的に吸い上げる役割はあまりない。

【花被（かひ）】 苔類の胞子体を保護する器官。一般的に袋状で、先端に開いた口がある。雌苞葉と造卵器の間に存在する。

【眼点細胞（がんてんさいぼう）】 苔類の葉にある、油体（細胞含有物）が充満した細胞。他の細胞とは色や形が異なる。

【気室（きしつ）】 ゼニゴケの仲間の葉状体の内部にある小部屋状の空間。

【気室孔（きしつこう）】 外界から気室に通じる小さい孔。気孔と違って開閉しない。

【茎葉体（けいようたい）】 茎と葉の区別がはっきりとわかる配偶体のこと。蘚類のすべてと、苔類の大多数がこのからだのつくりを持つ。↕葉状体

【原糸体（げんしたい）】 胞子が発芽してできる、多細胞の糸状や塊状のもの。原糸体上にできる芽が生長すると、茎や葉を持った配偶体となる。

【巻縮（けんしゅく）】 蘚類の葉が乾いた時に、くるくると著しく縮んで巻くこと。

【口環（こうかん）】 蘚類の蒴の中で、蒴の口と蓋の間にある細胞の環。

【蒴（さく）】 胞子体の先端にある、胞子が入っている部分。壺のような形をしていることが多い。胞子嚢《ほうしのう》ともいう。1つの蒴の中の胞子の数は種によって非常にばらつきがあり、数十個から数百万個までさまざま。

【蒴歯（さくし）】 蘚類の胞子の散布量と散布タイミングを調節する器官。蒴の開口部を縁取る櫛の歯のような形のもので、蒴の蓋が外れた時に現れる。種により配列が1列のものと、2列のものがある。

【蒴柄（さくへい）】 胞子体の一部分で、蒴の下にあって蒴を地上から高く持ち上げて胞子を風に乗せる手助けをする柄。長さは種によってさまざま。蘚類のものは、若い状態だと緑色、成熟すると赤褐色や黄褐色となり、多くは数か月～1年ほど枯れずに残る。苔類のものは透明に近い白色が多く、ほとんどが数日のうちに朽ちる。

【雌器床（しきしょう）】 雌器托の頭部にある傘状の部分。造卵器が集合してつく。

【雌器托（しきたく）】 ゼニゴケやジャゴケなどの雌株が造卵器をつける際につくる、柄を持ち先端が傘状となる器官。傘状の部分は雌器床と呼ばれる。雄株がつくる雄器托《ゆうきたく》よりも背が高くて目立つ。

【軸柱（じくちゅう）】 蘚類とツノゴケ類の蒴にある、蒴の中心を縦に走る軸。

【雌苞葉（しほうよう）】 茎葉体のコケにおいて、造卵器を保護している葉。通常の葉とは形が異なることが多い。

【雌雄異株（しゆういしゅ）】 造卵器と造精器がそれぞれ別の植物体上にあること。雄株と雌株があること。↕雌雄同株

【雌雄同株（しゆうどうしゅ）】 造卵器と造精器が同一の植物体上にあること。↕雌雄異株

【シーロカウレ】 造卵器を取り囲んでいた配偶体の組織が変化して生じるもので、若い胞子体を保護する役割を持つ器官。細長い筒状をしている。主にムクムクゴケ科やサワラゴケ科の苔類に見られる。

【生育基物（せいいくきぶつ）】 土、岩、樹幹などコケが着生しているもの。ただの「基物」とも。

【造精器（ぞうせいき）】 雄性の生殖器官。精子がつくられる。

【造卵器（ぞうらんき）】 雌性の生殖器官。卵がつくられる。

【側葉（そくよう）】 茎葉体の葉が3列ある場合、茎や枝の左右、もしくは脇につく葉。普通は「葉」と呼ぶことが多い。↕腹葉

【中肋（ちゅうろく）】 蘚類の葉にある、葉の中央に見られる筋のこと。種によって長短があり、普通は1本か2本である。また、苔類のゼニゴケの仲間やフタマタゴケの仲間の葉状体の中央にある、厚く筋状になった部分を指すこともある。

【透明尖（とうめいせん）】 蘚類の葉先の透明で尖った部分。

【内曲（ないきょく）】 葉の縁が、茎側（腹面側）に巻く状態。↕外曲

【芒（のぎ）】 蘚類の葉先において、毛状や針状に尖った部分。多くは透明となる。中肋が突出してできる場合と、葉身が伸びてできる場合がある。

【配偶体（はいぐうたい）】 生殖器官を備えた植物体のこと。コケの本体。胞子が発芽すると原糸体ができ、その原糸体の上に生じる芽が生長して配偶体となる。配偶体は茎、葉、仮根からなり、造卵器または造精器ができる。↕胞子体

【背片（はいへん）】 苔類の葉が2裂して、2つに折り畳まれている時に背側（表側）にある裂片のこと。腹片より大きい場合が多く、「葉」と呼ぶことが多い。↕腹片

【背面（はいめん）】 コケを見た時に、表側に見えている面。生育基物に接していない面。↕腹面

【腹片（ふくへん）】 苔類の葉が2裂して、2つに折り畳まれている時に腹側（裏側）にある裂片のこと。↕背片

【腹面（ふくめん）】 コケを見た時に、裏側となって見えていない面。生育基物に接している面。↕背面

【腹葉（ふくよう）】 茎葉体の葉が3列ある場合、茎や枝の腹側（裏側）に1列に並んでつく葉。↕側葉

【腹鱗片（ふくりんぺん）】 苔類の葉状体の腹側（裏面）に規則的に並ぶ鱗片状の構造をしたもの。

【蓋（ふた）】 蘚類の蒴の先端にあり、蒴が成熟するまで壺の口部分を塞いで、中の胞子が出るのを抑える働きがある。

【鞭枝（べんし）】 鱗片状の葉をつける鞭状の枝。通常の枝とは異なり、地面に向かって下方に伸びることが多く、植物体の安定に寄与する。

【帽（ぼう）】 胞子をつくる蒴がまだ若くて傷つき乾燥しやすい時に、外側をすっぽり覆って守る帽子のようなもの。蘚類のみにある。苔類のものはカリプトラという。

【胞子（ほうし）】 子孫を残すためにつくられるもので、種子植物の

種子にあたる機能を果たす。胞子体の蒴の中でつくられる。1粒1粒は目に見えないほど小さな粉状で軽く、風に飛ばされやすい利点がある。発芽すると原糸体と仮根を生じる。

【胞子体（ほうしたい）】 精子が水中を泳いで無事に卵と受精した結果生じる植物体で、胞子をつくるからだのこと。雌の配偶体上に生じる。胞子をつくる蒴・蒴を持ち上げる棒状の蒴柄・配偶体と繋がる埋もれた部分（足）の3つの部分から成り立つ。↕配偶体

【包膜（ほうまく）】 葉状体の苔類、ツノゴケ類において造精器・造卵器を保護している膜状の組織。雄包膜と雌包膜がある。

【無性芽（むせいが）】 配偶体あるいは原糸体の一部分が変形して生じる、無性的な繁殖体。茎の先、葉のつけ根や縁、葉状体の縁や表面につくられる。有性的な繁殖方法（胞子）が上手く散布されない場合に備え、多くのコケはこのような無性的繁殖方法も持っている。

【無性芽器（むせいがき）】 無性芽の入っている器官で、多くはカップ状。ゼニゴケ属のものはとくに杯状体《はいじょうたい》ともいう。

【雄花盤（ゆうかばん）】 造精器が茎の頂部に集まり、盤状の構造になったもの。種子植物の花のように見える。

【雄器床（ゆうきしょう）】 雄器托の頭部にある傘状・盤状の部分。造精器が集合してつく。

【雄器托（ゆうきたく）】 ゼニゴケやジャゴケなどの雄株で、造精器をつける際に生じる器官。ゼニゴケでは柄があって先端は盤状で水をためられる構造をもつ。ジャゴケでは無柄の小判形で厚みがある。

【油体（ゆたい）】 苔類にだけ見られる細胞内構造物で、内部に油などの物質を含む。油体の数や色、形、内部構造は多様で、かつ分類群によって決まっており、種の同定にとても役立つ。しかし細胞が死ぬとすぐに崩壊するため、新鮮な状態でしか観察できないという欠点がある。

【雄苞葉（ゆうほうよう）】 茎葉体のコケにおいて造精器を保護している葉。通常の葉とは形が異なることが多い。

【葉腋（ようえき）】 葉のつけ根の部分で、葉と茎で囲まれる股状の場所を指す。蘚類には葉腋に無性芽を形成する種がたくさんある。

【葉状体（ようじょうたい）】 茎と葉の区別がつけにくい平たい葉状の配偶体のこと。このからだのつくりは苔類（主にゼニゴケの仲間とツノゴケ類に見られる。↕茎葉体

【裂片（れっぺん）】 葉の先端や、ゼニゴケ科の雄器床・雌器床などの先端が、裂けていくつかに分かれた状態の時の一片。

協力（敬称略・五十音順）

赤司一　木口博史　熊谷芳春　佐伯雄史　左木山祝一
島立正広　鈴木英生　鄭天雄（Tian-Xiong ZHENG）　辻久志
中島啓光　波戸武仁　平岡正三郎　藤井尚実　古木達郎
堀内雄介　松本美津　道盛正樹　村井まどか　吉田茂美

主な参考文献

『日本の野生植物 コケ』（岩月善之助 編／平凡社）
『新しい植物分類学Ⅱ』（日本植物分類学会 監修、戸部博・田村実 編著／講談社）
『原色日本蘚苔類図鑑』（服部新佐 監修、岩月善之助・水谷正美 共著／保育社）
『野外観察ハンドブック 校庭のコケ』（中村俊彦・古木達郎・原田浩／全国農村教育協会）
『こけ―その特徴と見分け方―』（井上浩／北隆館）
『生きもの好きの自然ガイド このは No.7 コケに誘われコケ入門』（文一総合出版）
『日本産タイ類・ツノゴケ類チェックリスト，2018』（片桐知之・古木達郎）
『自然散策が楽しくなる！コケ図鑑』（古木達郎・木口博史／池田書店）
『コケの生物学』（北川尚史 著、しだとこけ談話会 編集／研成社）

【おわりに】

2017年に出版された本書が7年ぶりに新訂増補版となって、こうして再び皆さんの前にお目見えすることができたのは、望外の喜びだ。

この7年のあいだに、世の中はずいぶんと変わった。

コケの図鑑、園芸書、絵本などが何冊も出版され、コケがテーマの本が珍しくなくなった。テレビやラジオ、ウェブ媒体などのメディアでも、コケが取り上げられることが増え、コケの認知度が驚くほど向上した。どれもコケに心惹かれる者にとっては、追い風となるような世の中の流れだ。

しかし、こうした状況を手放しに喜んではいけない。いまいちど、コケの声に耳を傾けなくてはと思わされる出来事も多い。

たとえば、自然環境から山採りされたコケが園芸店や道の駅、ネットオークションなどで当たり前のように販売されていること。またそれらを使った園芸品も生産・販売されていること。「エコ」や「ナチュラル」をうたいながら、野生のコケを大量に使った商業ディスプレイやアート系パフォーマンスが散見されること…。それらはコケや自然への賛美などではなく、ただただ、自然の植生や生態系を破壊する行為だと思っているのは私だけだろうか。

ここに、2017年初版時の「おわりに」にも記した文章を再掲したい。尊敬する人生の先輩の一人、伊沢正名さん（隠花植物専門の写真家で現在は糞土師）から以前いただいたお手紙の中の忘れられない一文だ。

「研究や趣味などで、コケを単に知的好奇心を満足させるだけだったり、慰みものにしたりして、終わりにしてほしくありません。生態系の中の重要な要素として捉えてもらいたいと考えています」

はぎ取られたコケは何も語らない。自然環境の中で私たちがどうふるまうべきか、人類の人間性が問われている。近い将来、自然環境から山採りをせずともコケが使える時代がきてほしい。いま、農業としてのコケ栽培が日本各地で興り始めているのは、その良い兆しと信じたい。

この本を出版するにあたり、貴重な写真や情報の提供、同定の協力など、今回も多くの方々にお世話になった。また、監修の秋山弘之さん、イラストレーターのクラミサヨさん、デザイナーの西野直樹さん、担当編集者の遠藤かおりさんら初版時と同じチームで再び本づくりができたことも、幸せなことだった。皆様に心からお礼を申し上げたい。

コケのように、いままで見えていなかったものの存在に意識的に目を向けると、この世界はじつに愛おしいものにあふれているのだと気づかされる。これからも、そのような世界を探究し、魅力を伝えていけたらと思っている。

2024年4月　藤井久子

学名さくいん

和名さくいん

※**太字**は主要解説のあるページ

付録

観察に役立つ！
コケの採集袋の型紙

この本のカバーを外して、
付録のコケの採集袋の型紙を使って
作ってみよう！
（作り方・使い方は左ページ参照）

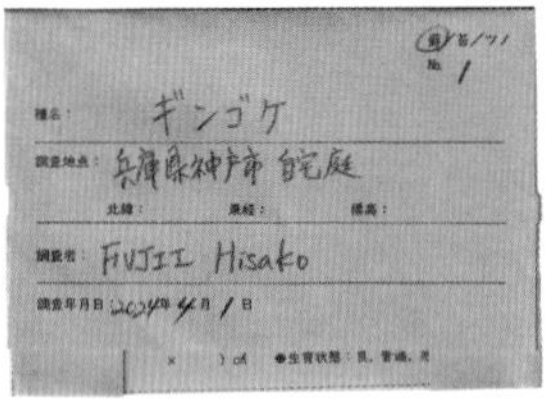

新 知りたい 会いたい 特徴がよくわかる

コケ図鑑

2024年 5月 20日　第 1 刷発行

著　者　藤井久子
監修者　秋山弘之
発行者　木下春雄
発行所　一般社団法人 家の光協会
〒162-8448　東京都新宿区市谷船河原町11
電　話　03-3266-9029（販売）
03-3266-9028（編集）
振　替　00150-1-4724
印刷・製本　株式会社東京印書館

ISBN 978-4-259-56802-3　C0061

●著者
藤井久子（ふじい・ひさこ）

1978年、兵庫県出身。明治学院大学社会学部卒業。フリーのライター、編集者。岡山コケの会、日本蘚苔類学会会員。全国各地のコケの観察会や講演会でその魅力を伝えている。趣味はコケ散策を兼ねた散歩・旅行・山登り。著書に『コケ見っけ! 日本全国もふもふコケめぐり』（家の光協会）、『コケはともだち』（リトルモア）。最近はコケにまつわる民俗文化、日本各地に広がる農業的コケ栽培にも興味があり、取材を続けている。
著者HP「Moss is Beautiful」
https://mossradio.amebaownd.com
X（旧Twitter）　@bird0707
Instagram　@hitsujigoke

●監修
秋山弘之（あきやま・ひろゆき）

1956年、大阪府出身。京都大学大学院理学研究科博士課程修了。理学博士。兵庫県立大学自然・環境科学研究所准教授、兵庫県立人と自然の博物館主任研究員を歴任。コケ植物の系統分類学を専門に研究。趣味は散歩ときのこ採集、庭の草むしり。著書に『苔の話』（中公新書）、編著に『コケの手帳』（研成社）など。普通に見かけるコケ植物に隠された、これまで誰も気づかなかった興味深い特徴や生き方を見事に探り当てる、そんな研究をめざして日々精進している。

デザイン　西野直樹（コンボイン）
挿画　クラミサヨ
校正　兼子信子
DTP 制作　天龍社

コケの採集袋の作り方

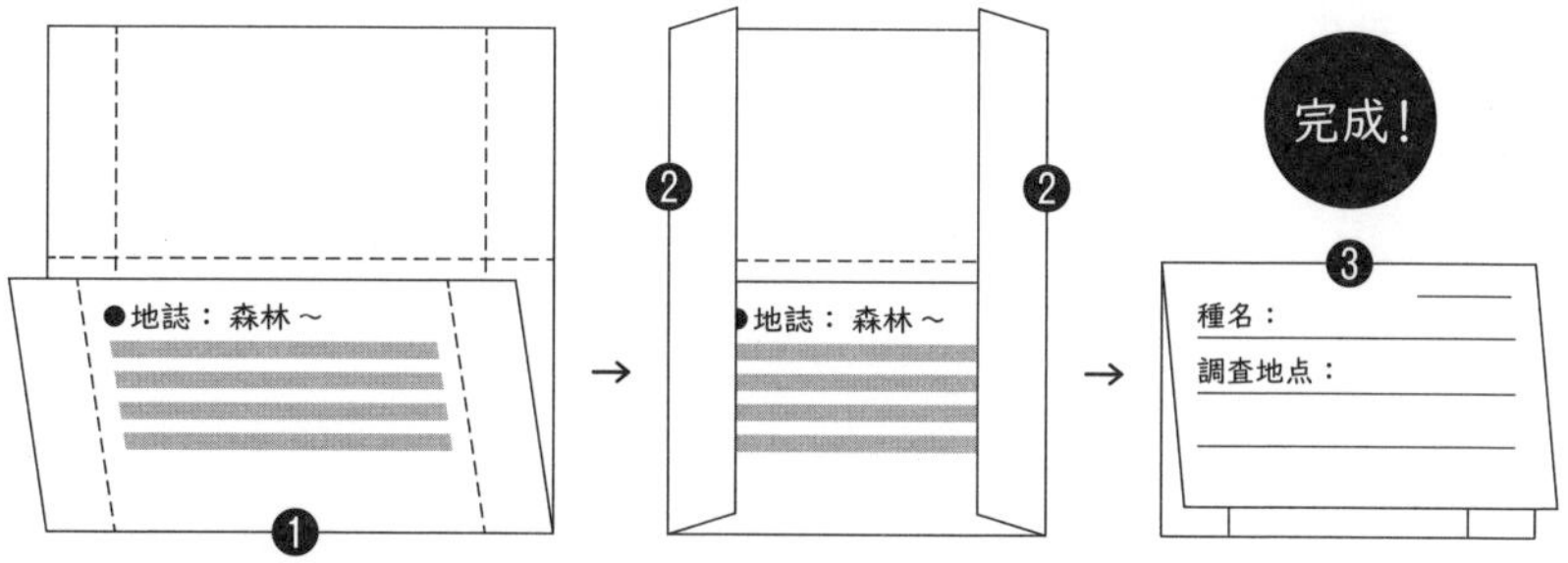

1. 本体の裏表紙をB5の用紙に約120％拡大設定でコピーする。

2. ❶～❸の順で折ると、採集袋が完成する。

※紙は薄すぎると水気の多いコケを入れた時に破れるおそれがあるので、
市販の封筒ほどの厚みがあるクラフト紙がおすすめ。

採集袋の使い方

●採集したコケは採集袋１つにつき１種類ずつ採集袋に入れる（複数種を混ぜて入れない）。なるべく純群落からひとつまみだけ採集する。また、絶滅危惧種や稀産種などの場合は、採集を控えるか、採集する場合はごく少量にとどめる。

●乾燥させたくないコケは小型のチャック付きポリ袋にコケを先に入れ、それを採集袋に入れる。

●記入はB～2Bの濃い鉛筆がよい。ボールペンや細めの油性ペンも可。

●調査地点、調査者、調査年月日は必ず記入する。調査地点は、詳細な住所までわからない場合は「〇〇県〇〇市〇〇山」くらいまででもよい。

●「地誌」などの生育環境について、該当する箇所を〇で囲んで記録する。「岩質」や「樹木名」もわかれば記入。さらに胞子体や無性芽がついていれば、空いているスペースにその旨も記入しておく。

●「種名」は正確なことがわからなくても無記入にせず、推測される種名や属名を調査地で書いておいた方がよい。家に持ち帰った際、同定作業をスムーズに進めることができる。

●「No.」に通し番号を記入しておくと整理しやすい。

採集の注意

◆採集の際には、採集してよい場所か事前に必ず確認する。また、コケをむやみにたくさん採集することは厳禁。採集袋いっぱいに入れる必要もなく、ピンセットやヘラを使い、ひとつまみほど採集すれば十分である。

◆採集の目的を自分の中で明確にしておく。採集袋に入れたまま活用されないのであれば、貴重なコケもただのゴミになってしまう。

◆持ち帰ったコケは、通常、顕微鏡で同定して種名を明らかにしたのちに標本づくりを行う。標本は研究や調査の科学的証拠となる（それが採集の本来の目的）。しかし顕微鏡での同定が難しい場合、筆者は本書 P25のように持ち帰ったコケの一部をセロハンテープでノートにはり、そのコケのおおよその種名や属名、特徴、観察して気づいたこと、その日の感想などをまとめた観察ノートを作っている。